Pahlow/Eichinger · PILZE und BEEREN

Pahlow/Eichinger

Pilze und Beeren

Sicherheit für Anfänger –
Interessantes für Fortgeschrittene
mit 83 Abbildungen

J. F. LEHMANNS VERLAG MÜNCHEN

Idee und Text M. Pahlow, alle Farbfotos S. Eichinger.
Die Zeichnungen auf den Seiten 75 und 79 stellte A. Neuhofer zur Verfügung.
Zwischen diesen Zeichen (□) werden spezielle Erkenntnisse und Beobachtungen aufgezeigt.

Lithos: Repro GmbH, Landshut
Druck/Bindung: Verlagsdruckerei E. Rieder, Schrobenhausen
Printed in Germany
ISBN 3-469-00531-1 Ln.
ISBN 3-469-00543-5 Brosch.

Inhaltsverzeichnis

Vorwort

Wenn neben den zahlreichen Pilz- und Beerenbüchern noch ein weiteres auf dem Markt erscheint, so hat der Leser Anspruch darauf, zu erfahren, was mit dieser Arbeit erreicht werden soll.
In vorliegendem Falle ist das einfach zu sagen: Im ersten Teil wird der Versuch unternommen, die zahlreichen Pilzfreunde, die zumeist wenig Pilzkenntnisse besitzen, mit solidem Wissen auszustatten.
Es wird nicht versucht, die rund 200 Speisepilze alle abzuhandeln und ihre Abgrenzung von weiteren 1000 ähnlichen, doch ungenießbaren oder gar giftigen Pilzen zu lehren. In diesem Buch werden Pilze vorgestellt, die zu den beliebtesten Speisepilzen zählen, die man mit Sicherheit von giftigen Pilzen unterscheiden kann, wenn man mit Sorgfalt und Umsicht Pilze sammelt.
In diesem Buch werden zusätzlich einige Pilze behandelt, die wenig gesammelt werden, weil Gerüchte oder falsche Überlieferungen sie diskriminieren, obgleich sie hervorragend schmecken und bestens vertragen werden.
Und so ganz nebenbei erfährt der Leser viel Interessantes über die Lebensgewohnheiten, die Eigenarten und die Besonderheiten der Pilze, wird auf Dinge hingewiesen, die ihn bestimmt interessieren werden und zum Nachdenken anregen. Der Stil ist mehr erzählend, unterhaltend und nur da dozierend, wo es unumgänglich ist.
Im zweiten Teil geht es um Beeren, richtiger um Wildfrüchte. Diese Kostbarkeiten unserer Wälder verdienen viel mehr Beachtung, denn es ist sehr gesund, sie zu essen; es ist aber auch gesund, sie zu sammeln. Auch hier werden die Wildfrüchte nicht nur aufgezählt und abgebildet, sondern dem Interessanten und Wissenswerten wird genügend Raum gelassen. Selbstverständlich wird der Leser vor giftigen Beeren gewarnt und belehrt, wie er sich zu verhalten hat, wenn kleine Kinder trotz aller Vorsicht doch einmal Giftiges gegessen haben.

Pilze

Weniger wäre mehr!

Um diesem Vorwurf – der berechtigterweise oft erhoben werden muß, wenn man dem Anfänger zuviel zumutet – zu entgehen, haben wir uns bei der Auswahl der in diesem Buch behandelten Pilze größte Beschränkung im Hinblick auf die Anzahl der Pilze auferlegt, dafür aber Ausführlichkeit und Gründlichkeit bei der Behandlung der einzelnen Kapitel in den Vordergrund gestellt. Scheinbar Nebensächliches wird nicht selten zur Hauptsache, besonders dann, wenn es um die Sicherheit geht.

Kein trockenes Aufzählen von Merkmalen, sondern lebendige Berichterstattung. Dieses Buch möchte gelesen werden, von der ersten Seite an, um den Anfänger, den Pilzfreund langsam aber sicher zum Pilzkenner zu machen, bei ihm Verständnis und Kenntnis in gleicher Weise zu wecken.

Es gibt viele, ja sogar sehr viele Pilzfreunde, doch nur sehr wenig Pilzkenner. Das Studium der Pilze ist schwierig und langwierig. Es erfordert Ausdauer, Geduld und Liebe zur Sache. Wer meint, ein gutes Pilzbuch genüge als Nachschlagewerk, der irrt sich, denn das Buch kann nur Hilfestellung leisten und niemals die eigene Erfahrung ersetzen. Form und Farbe der Pilze sind zu variabel, als daß

Das sind alles Steinpilze:
So verschieden können sie in Form und Farbe vorkommen

man sie absolut unverwechselbar darstellen und abbilden könnte. Selbst die genaue Beschreibung wird immer Stückwerk bleiben, da niemals jeder Pilze alle Merkmale eindeutig aufweist.
Alter, Standort und Witterung verändern ständig das Erscheinungsbild.
Deshalb ist dieses Buch auch kein Nachschlagewerk, sondern vor allem ein sicherer Ratgeber bei den Bemühungen, Pilze kennenzulernen.

Pilze zu sammeln und zu essen, ohne sie zu kennen, ist ein sehr gefährliches Unternehmen. Tödliche Vergiftungen sind dann nicht auszuschließen.

Wer sich aber der Führung dieses Buches anvertraut, der braucht keine Angst vor Pilzvergiftungen mehr zu haben, denn Sicherheit stand bei der Abfassung der einzelnen Kapitel im Vordergrund.

I. Allgemeines

Was sind Pilze?

Der Pilzsammler oder der Schwammerlsucher, wie man in Süddeutschland, wo das Wort Pilz die Bezeichnung Schwamm erst so nach und nach ersetzt, zumeist hört, denkt in erster Linie natürlich an die Hutpilze, evtl. auch noch an die Korallenpilze oder die Boviste, und kaum an die Unzahl der anderen, oft mikroskopisch kleinen Pilze, die alle von Wissenschaftlern unter der großen Abteilung Pilze = Mycophyta zusammengefaßt werden. Der Schimmel, der Mehltau, viele andere Erreger von Pflanzenkrankheiten, der holzzerstörende Hausschwamm, die Hefe, ja selbst Hautkrankheitserreger bei Mensch und Tier zählt man auch zu den Pilzen.
Ihnen allen gemeinsam ist das Fehlen von Blattgrün (Chlorophyll), so daß sie darauf angewiesen sind, ihr Leben in Symbiose (z. B. in einer Gemeinschaft mit Algen in den Flechten) oder als Parasit oder Saprophyt (als Fäulnisbewohner) fristen zu müssen. Man kennt neuerdings sogar mikroskopisch kleine Pilze, die im Wasser leben und dort gewissermaßen „Tierfang" betreiben, um an die benötigten Nährstoffe zu gelangen. Sie fangen sich mit ihren Hyphen, die bei Polyphagus euglenae klebrig, oder bei Arthrobotrys schlingenförmig ausgebildet sind, Einzeller, die sie dann „verdauen". Amöben, Pantoffeltierchen und andere Mikroorganismen sind die Jagdbeute dieser „fleischfressenden Pilze".
Wenn der Laie von Pilzen spricht, so meint er die Pilzkörper, also das, was er über der Erde sieht, und auch wir möchten in diesem Buch daran nichts ändern. Es geht schließlich um diese Pilzkörper, die wir kennenlernen, die wir sammeln und essen wollen. Aber es schadet sicher nicht, wenn es an dieser Stelle ein wenig wissenschaftlicher wird.
Die oberirdisch sichtbaren Pilzgebilde sind nur die Sporenträger, die zur Zeit der Fortpflanzung aus dem Boden wachsen, dort zumeist nur kurze Zeit bestehenbleiben, um dann, nachdem sie die Sporen abgesetzt haben, schnell zu zerfallen. Der botanisch wichtigere Teil des Pilzes lebt als Mycel unter der Erde, oder besser: im Erdreich, dem Substrat, dem er die Nährstoffe entnimmt. Das weißliche Mycel besteht aus den sogenannten Hyphen, feinen Fäden, die bei den niederen Pilzen nur schlauchförmig, bei den höheren Pilzen jedoch

durch Zellwände geteilt sind. Auch die aus dem Boden wachsenden Pilzkörper – also unsere Pilze oder Schwammerl – bestehen aus Hyphen, die jedoch zu dichten Massen verklebt sind.
Im Pilzkörper laufen die Hyphen in verdeckten Endzellen aus, die an bestimmten Stellen Sporen bilden. Zumeist geschieht dies an der Hutunterseite, an den Röhren oder Lamellen, gelegentlich auch auf der ganzen Pilzoberfläche oder im Innern z. B. der Boviste, die bei der Sporenreife dann aufplatzen und die Sporen ausstäuben. Die Sporen dienen der Vermehrung. Sie keimen und bilden ein neues Mycel.
Die Zahl der Sporen, die ein einziger Pilz ausbildet, übersteigt unser Vorstellungsvermögen, und würde jede Spore keimen, so gäbe es sehr schnell nur noch Pilze auf der Erde. Ein errechnetes Beispiel als Kuriosität sei hier mitgeteilt:
Der Riesenbovist (Calvatia gigantea), der im günstigsten Fall einen Pilzkörper von über einem halben Meter Durchmesser erreichen kann, könnte etwa 7½ Billionen Sporen ausbilden. Würden alle Sporen keimen, und sich zu einem neuen Pilzkörper dieser Größe entwickeln, so hätten wir bereits in der zweiten Generation eine Pilzmasse, die 800 mal größer als unsere ganze Erde wäre.

Es ist noch nicht lange her, da galt die Bezeichnung Pilzgifte nur für die giftigen Inhaltsstoffe der Großpilze. Heute warnt man auch vor den Aflatoxinen- den giftigen Bestandteilen „wilder Schimmel" und rät dringend von dem Genuß schimmliger Nahrungsmittel ab, da diese ernstzunehmende Leberschädigungen verursachen, im Gegensatz zu den willkommenen Schimmelarten, die dem Käse vielfach Wohlgeschmack verleihen.
Aber wir sollten auch nicht vergessen, daß die Medizin Pilzgiften sehr viel Gutes verdankt, denn das Penicillin (aus dem Schimmelpilz Penicillium) und seine Verwandten sind auch Pilzgifte (Toxine), die der Mensch zumeist gut verträgt, die aber in der Lage sind, Krankheitserreger (Bakterien) abzutöten und daher bei den verschiedensten Infektionskrankheiten eingesetzt werden können.

Nach diesem kleinen Abstecher wieder zurück zur Praxis, zu den Pilzen, um die es im folgenden geht, nämlich zu den Speise- und Giftpilzen des Waldes, der Wiesen und Felder!
Die meisten dieser Pilze leben von abgestorbenen oder verwesenden Teilen der verschiedensten Pflanzen oder auch von deren Säften,

Hier lohnt es sich nach Pilzen zu suchen ▶

ohne diesen so „bestohlenen“ Pflanzen zu schaden. Ganz im Gegenteil, oft begünstigt auch der Pilz das Wachstum dieser Pflanzen, indem er ihnen seinerseits Nährstoffe oder Aktivatoren abgibt. In solchen Fällen umgeben Pilzhyphen die Wurzeln der Bäume beispielsweise, mit denen sie in Symbiose (Lebensgemeinschaft) leben. – Viele Orchideen können ohne Pilze an der Wurzel nicht leben.
Als Pflanzenschädling allerdings lebt der Pilz auch auf Kosten seines Wirtes.
Nun ist es leicht verständlich, daß es Pilze gibt, die in irgend einer Abhängigkeit von bestimmten Bäumen leben, doch leider ist diese Abhängigkeit nicht in jedem Falle sicher nachgewiesen, denn sonst ließen sich daraus für Sammler ganz wichtige Rückschlüsse ziehen. Mit größter Sicherheit weiß man, daß der Goldröhrling nur unter Lärchen vorkommt, wobei das „unter“ nicht zu wörtlich genommen werden darf, da das Mycel eines Pilzes sich über mehrere bis viele Quadratmeter ausbreiten kann. Die verschiedensten Steinpilzarten scheinen die Buchen, Eichen, Fichten und Weißtannen nötig zu haben, der Butterpilz die Kiefer, der Birkenpilz die Birke, die Rotkappen die Birke oder die Espe.
Aber all das ist noch viel zu wenig erforscht. Eine große Hilfe in dieser Hinsicht wären die vielen Schwammerlsucher, die ihre Reviere genauestens kennen, doch hüten sie ihr Geheimnis vor jedermann, auch vor den Wissenschaftlern, denen sie oftmals mit besonderem Argwohn begegnen.
Ebenso wenig erforscht sind die Gründe und Ursachen für die Kulturfähigkeit eines Pilzes. Champignons lassen sich leicht kultivieren, Stockschwämmchen auch, doch wer es mit Steinpilzen versucht, der wird nur Mißerfolg haben. Die Mycelien wachsen wohl in Kulturen, doch der Auslösefaktor zur Bildung des Pilzkörpers fehlt.
Dort, wo einmal ein Pilzvorkommen entdeckt worden ist, kann man sicher sein, daß über viele Jahre hindurch immer die gleiche Pilzart anzutreffen ist, es sei denn, es ändert sich die Zusammensetzung des Bodens oder das Kleinklima der bodennahen Luftschichten. Zwar kann die Ausbeute von Jahr zu Jahr variieren und in seltenen Fällen auch mal in einem Jahr fast gleich null sein, doch später ist der gleiche Pilz reichlich wieder da.
Dennoch beklagt man sehr, daß der Pilzreichtum unserer Wälder ständig abnimmt, und die Forderung: „Schont die Pilze unserer Heimat“ wird immer dringlicher.
Pilze sind nicht zuletzt abhängig von dem Kleinklima ihres Standortes, und das hat sich heute durch andere Wald- und Forstwirtschaft oft zum Nachteil der Pilze verändert. Auch der Straßenbau durch Waldgebiete, das Schlagen von Liftschneisen dürfte sich un-

günstig auswirken. Aber es scheint eine andere Tatsache viel bedeutsamer zu sein:

Wir pflegen den Pilzgarten unserer Natur zu wenig, und wir zerstören zu viel!

Die Zahl der Pilzsammler – besonders die Zahl derer, die völlig unkundig sind – wächst ständig.
Ihre Autos bringen sie schnell in den Wald, und dann schwärmen sie aus, nehmen mit, was sie finden, und zertreten womöglich alle Pilze, die ihnen verdächtig vorkommen. Das aber ist Frevel!
Pilze gehören zum Wald und sind mit für den Wasserhaushalt und das biologische Gleichgewicht des Waldes verantwortlich. Das Ausrotten der ungenießbaren oder giftigen Pilze ist ebensowenig zu rechtfertigen wie das kritiklose Sammeln all dessen, was man für eßbar hält. Vieles hätte man stehenlassen sollen, um die Art am Fundort zu erhalten oder einer Vermehrung Vorschub zu leisten.
So verhielten sich nämlich früher die Pilzsammler in ihren „Revieren", sie waren stolz auf ihre Fundstellen. Aber es wurde nicht nur geerntet, es wurde auch gehegt.
Was nun auch der wirkliche Grund für den ständigen Rückgang des Pilzbestandes in unseren Wäldern sein mag, jeder Versuch, diese Tatsache zu ändern, ist gerechtfertigt. Deshalb werden alle Pilzfreunde und Pilzsammler um Beachtung folgender Regeln gebeten:

1. Sammeln Sie nur Pilze, die Sie genau kennen. Sie schalten dadurch nicht nur das Risiko einer Pilzvergiftung aus, sondern hinterlassen im Wald die notwendigen Reserven.
2. Lassen Sie alle zu großen und alten Pilze stehen. Diese können Sie doch nicht mehr genießen, im Wald aber dienen sie der Erhaltung der Art.
3. Zertreten Sie bitte keine Pilze, auch dic nicht, die sie für giftig halten. Dieser Eingriff in dic Natur steht Ihnen nicht zu.
4. Wenn Sie Speisepilze einsammeln, so tun Sie das sehr vorsichtig, ohne das Mycel zu beschädigen. Es macht nur wenig Mühe, wenn Sie das Loch im Waldboden mit Moos oder Erde wieder verschließen.
5. Haben Sie den Mut, andere Menschen an der Zerstörung von Pilzen zu hindern. Sie verfügen jetzt über Argumente, die überzeugen.

Dadurch leisten Sie praktischen Umweltschutz.

Grundsätzliches über das Verhalten beim Sammeln, beim Aufbereiten und beim Zubereiten

Es wird in diesem Buch an verschiedenen Stellen Allgemeines für Pilzsammler gesagt und für viele werden es bereits Selbstverständlichkeiten sein. Dennoch sei empfohlen, auch das scheinbar Selbstverständliche gewissenhaft zu lesen, um Wichtiges nicht zu übersehen.

An dieser Stelle geht es um den Umgang mit Speisepilzen.

Auch beim Einsammeln der Pilze kann der Anfänger Fehler machen. Es beginnt schon bei der Ausrüstung. Ein Korb beispielsweise ist vielen ein viel zu sperriger Gegenstand, als daß sie ihn ohne Erklärung akzeptieren. Plastiktüten oder Säcke lassen sich leer doch viel leichter verstauen und nehmen im Wandergepäck fast keinen Platz weg. Dennoch ist alleine ein Korb das rechte Sammelgefäß für Pilze. Der Grund für diese Forderung ist folgender: Auch nach dem Herausnehmen aus dem Boden leben die Pilze noch und entwickeln sich weiter. Dabei wird Wärme frei, Wasser verdunstet und beides muß abgeleitet werden, damit das Sammelgut nicht verdirbt. Bringt man die Pilze nun in luftundurchlässige Behälter (Plastiktüten sind

Nur ein Korb ist das richtige Sammelgefäß für Speisepilze.

Man sollte grundsätzlich nur junge und feste Pilze sammeln. Diese Birkenpilze haben die richtige Größe.

absolut luftundurchlässig), so stauen sich Wärme und Wasserdampf. Es entsteht in der Plastiktüte ein feuchtwarmes Milieu, etwa wie im Treibhaus oder im tropischen Urwald.
In dieser Atmosphäre verlaufen alle Lebensprozesse, also auch die Weiterentwicklung, der Verfall und die Zersetzung der gesammelten Pilze sehr beschleunigt ab. Das wiederum ist garnicht erwünscht, da die ursprünglich so frischen und appetitlichen Pilze unansehnlich werden, ihren besonderen Geschmack verlieren oder gar schädliche Zersetzungsstoffe bilden. Es kommt noch hinzu, daß die Insekteneier und Insektenlarven, die fast alle Pilze in mehr oder minder großer Zahl beherbergen, in der oben beschriebenen Atmosphäre bestens gedeihen und sich sehr schnell entwickeln.
All dieses, so selbstverständlich es ist, und so eindringlich es immer wieder dargestellt wird, wird leider entweder nicht geglaubt oder als übertriebene Vorsicht abgetan. Es ist daher all den Ungläubigen zu einem Experiment zu raten, das sie überzeugen wird und das auch als bester Beweis für die nachfolgenden Hinweise anzusehen ist.

Man nehme einige junge Champignons und dazu einige junge Steinpilze und stecke sie in eine kleine Plastiktüte. Nach nicht allzu langer Zeit wird die Tüte innen beschlagen, die so appetitlich aussehenden Pilze beginnen zu verwesen. Das anfangs so feste Fleisch wird sich nicht mehr fest anfühlen und manchmal sogar schwammig sein. Beim Steinpilz, der in seinen Röhren besonders viele Insekteneier enthält, wird im Plastiktütchen „neues Leben“ entstehen, nämlich in Form von zahlreichen Maden, die Stiel- und Hutfleisch verzehren und auch die Champignons heimsuchen.

Stellt man sich nun eine größere Menge verschiedener frischer Speisepilze in einer Plastiktüte vor, so kann man sich leicht vorstellen, wie schnell sie verderben oder zerfressen werden, denn durch die Masse der Pilze erhöhen sich auch die Temperatur und die Wasserdampfkonzentration in der Plastiktüte. Natürlich kann man in einem Korb diesen Vorgang nicht auf Null reduzieren, doch die Temperatur wird weniger hoch sein und das verdunstete Wasser wird abgeleitet, so daß die „Plastiktütenatmosphäre" hier nicht entstehen kann.

Das oben Gesagte rechtfertigt nun eine weitere Forderung, nämlich die, alle Pilze vor dem Einbringen in den Sammelkorb an Ort und Stelle zu reinigen. Es lohnt sich ganz bestimmt, hierbei sehr viel Gründlichkeit walten zu lassen, denn erstens entfernt man nicht nur Laubreste, anhaftende Tannennadeln und Erde, sondern gleichzeitig von Maden zerfressene Pilzteile, besonders der Stielbasis. Wie wir später sehen werden, soll man Pilze nach Möglichkeit nicht waschen, da sie sehr viel Wasser ansaugen, was bei der Zubereitung von Übel ist. Wer an Ort und Stelle gründlich vorreinigt, erspart sich spätere Arbeit.
Zur Pilzsammelausrüstung gehören also ein Messer und ein Sammelkorb. Dieses Messer soll eine scharfe Schneide haben, damit man damit Schadhaftes abschneiden kann, ohne Quetschstellen zu hinterlassen.
Aber das Messer hat auch noch eine andere Aufgabe. Es ist wichtig, den Pilz so aus dem Boden zu nehmen, daß das Pilzmycel möglichst wenig geschädigt wird. Das kann geschehen, indem man den Fruchtkörper vorsichtig aus dem Boden dreht oder den Pilz an seiner Basis mit dem Messer abschneidet. Letzteres hat den Vorteil, daß dadurch kein Loch im Boden entsteht. Die Bedenken, mit dem verbleibenden Pilzkörperrest verfaule auch das Mycel, sind nicht haltbar.
Allen Pilzsammlern wird dringend empfohlen, zu Hause die geernteten Pilze schnellstens zu verarbeiten und zweckmäßigerweise noch am gleichen Tage zu essen. Der Grund ist einfach: Die geernteten Pilze leben noch, entwickeln sich weiter und vergehen. Insektenmaden fressen weiter und Larven schlüpfen aus den Eiern.
Selbst wenn man nach einer Pilzwanderung müde zu Hause anlangt, soll man die Pilze nicht bis zum nächsten Morgen unverarbeitet liegenlassen, weil sie sehr darunter leiden. Pilze in die Tiefkühltruhe zu bringen, ist nur nach vorherigem Blanchieren, also nach Abbrühen, möglich.
Das Trocknen von Pilzen ist zwar bei manchen Pilzarten möglich. Steinpilze beispielsweise, Pfifferlinge, auch Rotkappen und andere lassen sich trocknen und schmecken danach nicht schlecht, aber ein

frisches Pilzgericht ist immer vorzuziehen. Die Pilzzeit reicht von Ende Mai bis in den November und die übrigen Monate des Jahres kann man getrost auf Pilze verzichten oder auf Pilzkonserven zurückgreifen.

Für den, der dennoch Pilze durch Trocknen konservieren möchte, einige Hinweise:

1. Nur Pilze trocknen, die bei sonnigem Wetter eingesammelt wurden.
2. Pilze sauber putzen (doch niemals waschen) und dann in Scheiben schneiden.
3. Man kann die Scheiben auf Fäden gezogen an der Luft, auf einer Darre ausgebreitet, auf dem Herd oder bei schwacher Wärme unter häufigem Umwenden bei geöffneter Tür im Bratrohr trocknen.
4. Ganz trockene Pilze (die Scheiben müssen sich brechen lassen oder dürfen, wenn man sie an die Lippen führt, kein Gefühl der Kälte hinterlassen) sind in gut verschließbaren Glasbehältern aufzubewahren.

Auch für die Zubereitung von Pilzen gibt es Grundsätzliches zu sagen. Man kann sie dünsten oder braten, man kann auch leckere Pilzsalate bereiten, doch letztere niemals roh, weil manche Pilze in rohem Zustand Magenbeschwerden auslösen. „Salatpilze" (wie z. B. Champignons, Steinpilze, Pfifferlinge und der echte Reizker) sind vorher abzukochen. Schwach gesalzenes Wasser eignet sich dafür gut.

Pilze sollen vor dem Zubereiten nicht gewaschen werden. Sie dünsten sich im eigenen Saft vorzüglich und bleiben auf diese Weise schmackhafter.

Von Diabetikern wird vielfach die Frage aufgeworfen, ob die Gefahr besteht, daß durch Essen von Pilzen ihr Stoffwechsel in Unordnung gerate.

Diese Frage kann mit einem eindeutigen Nein beantwortet und dem Diabetiker der Genuß von Pilzen wärmstens empfohlen werden, weil dadurch die Diät abwechslungsreich gestaltet werden kann. Pilze enthalten selten mehr als 6 % Kohlenhydrate, im Durchschnitt etwa 4,5 % (Roggenbrot etwa 50 %), dafür zahlreiche Mineralstoffe, Vitamin D und Vitamine der B-Gruppe. Das Wertvollste am Pilz sind aber die wunderbaren Geschmacksstoffe, während der Nährwert etwa dem der feineren Gemüsesorten entspricht.

Das Eiweiß vieler Pilze ist – im Gegensatz zur weitverbreiteten Meinung – gut verdaubar.

Es darf aber hier nicht verschwiegen werden, daß es Menschen gibt, die Pilze überhaupt nicht vertragen, doch werden diese nie lebensgefährlich erkranken, wenn sie Speisepilze essen. Den Grund dafür kennt man nicht. Es bleibt diesen Menschen also nichts weiter übrig, als auf den Genuß von Pilzen zu verzichten.
Pilzfreunde und Pilzkenner haben ihre eigenen Pilzrezepte und diejenigen, die noch über keine eigene Erfahrung verfügen, finden in den meisten Kochbüchern ausgezeichnete Anregungen. Manche Pilze jedoch erfordern – will man das Beste aus ihnen machen – spezielle Zubereitungen. Darüber sind bei der Besprechung der einzelnen Pilze Anmerkungen gemacht worden, die beachtet werden sollten.

Wie erkennt man Pilzvergiftungen und wie verhält man sich dann?

Wer sich diesem Buch anvertraut, der wird überall da, wo es notwendig ist, vor Giftpilzen gewarnt, daß ihm bestimmt nichts passieren wird.
Dennoch sei der Vollständigkeit halber ein Kapitel über Pilzvergiftungen aufgenommen.
Wenn sich bald nach einer Pilzmahlzeit – etwa 10 Minuten bis eine Stunde – Beschwerden einstellen, wie Übelkeit, Benommenheit, Speichelfluß, Schwitzen, Leibschmerzen, Erbrechen und Durchfall, Atemnot und Sehstörungen (weite Pupillen), so kann man ziemlich sicher sein, giftige Pilze gegessen zu haben. Es ist unter allen Umständen ein Arzt aufzusuchen. Aber wichtig ist es ebenso, sofort selbst für Giftentfernung aus dem Körper zu sorgen, denn nach so kurzer Zeit ist noch viel zu retten. Am Anfang steht die Magenentleerung. Man löse zwei Teelöffel Kochsalz in einer Tasse lauwarmen Wassers auf und trinke ein bis zwei Tassen davon. Sehr bald stellt sich Erbrechen ein. Anschließend sollte man sehr viel (bis zu 50 g) medizinische Kohle in Wasser angerührt einnehmen, denn diese absorbiert noch vorhandene Giftstoffe. Der Versuch, ein zweites Erbrechen herbeizuführen, ist anzuraten. Wenn heftiges Erbrechen die ersten Vergiftungssymptome sind, so erübrigt sich die Einnahme eines Brechmittels. Aber sehr wichtig ist auch da die Einnahme von

Der grüne Knollenblätterpilz ist der gefährlichste aller Giftpilze.

viel medizinischer Kohle. Da sich aber nicht nur im Magen, sondern auch schon im Darm Giftstoffe befinden, ist ein Abführmittel angezeigt, es sei denn, der Vergiftete hat schon heftigen Durchfall. Es eignet sich Rizinusöl (1–2 Eßlöffel voll in warmen Getränken) oder Glaubersalz (1–2 Teelöffel voll in $1/4$ Liter Wasser) gut dafür. Zumeist geht dann alles gut vorüber, da ja zwischen der Giftaufnahme und den ersten Gegenmaßnahmen nur kurze Zeit verstrichen ist. Weitere Maßnahmen ordnet der Arzt an.

□ In oben geschildertem Fall kommen als mutmaßliche Pilze in Frage: Rißpilze, Trichterlinge, Hexen- und Satanspilz, Speitäubling, Panther- und Fliegenpilz. □

Länger als eine Stunde (2–3 Stunden) dauert es, bis sich die Vergiftungserscheinungen nach dem Genuß überalteter, also verdorbener Speisepilze zeigen und noch länger läßt die Reaktion bei den Pilzen auf sich warten, deren Giftstoffe die Magen- und Darmschleimhaut lokal reizen (3–5 Stunden). Die Symptome sind Übelkeit, Leibschmerzen, Herzklopfen, Erbrechen und Durchfall.
Als erste Hilfsmaßnahmen sind auch hier diejenigen angezeigt, die oben bereits besprochen wurden. Hinzuzufügen ist lediglich, daß man Vergifteten, die bewußtlos geworden sind, nichts einflößen darf. Sie sind in Seitenlage zu bringen. Die Atemwege müssen freigehalten, die Zunge vorgezogen und evtl. Zahnprothesen entfernt werden.

□ Neben den verdorbenen Pilzen sind in erster Linie der Riesenrötling, die scharfen Täublinge, der Karbolchampignon, ätzend scharfe Milchlinge, der Kartoffelbovist, der Satansröhrling, der grüne Becherling und der Tigerritterling für derartige Vergiftungen verantwortlich zu machen. □

Mehr als 5 Stunden (etwa 5–8) bleibt man bei Lorchel-Vergiftungen und noch weit länger (bis zu 24–36 Stunden) bei Knollenblätterpilzvergiftungen beschwerdefrei. Das macht diese Vergiftungen so besonders gefährlich, denn man spürt erst etwas, wenn es fast zu spät ist. Diese Vergiftungen zeigen sich durch meist plötzlich auftretende heftige Leibschmerzen und heftiges, unstillbares Erbrechen an, zu dem sich wasserähnlicher Durchfall gesellt. Zu dieser Zeit sind bereits Leber und Nieren stark geschädigt. Es hilft nur sofortige Einweisung in ein Krankenhaus.

□ Man mache sich zum Grundsatz, daß bei allen Pilzvergiftungen ein Arzt konsultiert werden muß. Dieser muß genaue Angaben über den Zeitpunkt des Pilzessens, über Art der Pilze, über Art und Umfang der ersten Hilfsmaßnahmen und vor allen Dingen über die Art der Symptome erhalten. Wenn er nicht klar sieht, so wird er weitere Informationen von den regionalen Pilzvergiftungszentralen anfordern, die ihrerseits exakte Angaben benötigen. Also nicht den Kopf verlieren, sondern genau berichten. □

Aber Pilzvergiftungen müssen nicht sein, wenn man nur Pilze sammelt und ißt, die man genau kennt, denn es gibt kein Patentrezept um Giftpilze von Speisepilzen zu unterscheiden!

II. Beliebte Speisepilze – sicher erkannt

A Röhrlinge

Das charakteristische Merkmal der Röhrlinge, auch Röhrenpilze genannt, sind die feinen Röhrchen an der Hutunterseite, in denen die Sporen entstehen. Sie lassen sich zumeist leicht vom Hutfleisch lösen.

Bei uns in Deutschland kommen ungefähr 40 Röhrlinge vor. Zwanzig unter ihnen sind wertvolle Speisepilze. Absichtlich wurden diese Pilze an den Anfang gestellt. Sie sind für den Anfänger bald überschaubar, in Form und Farbe nicht gar so verwirrend variabel, recht häufig zu finden und nur zwei unter ihnen sind giftig. Das ist der Satanspilz (stark giftig) und der Dickfußröhrling (schwach giftig). Der Gallenröhrling (siehe Seite 29) ist so bitter, daß er als einziges Exemplar ein ganzes Pilzgericht ungenießbar machen kann, doch als Giftpilz im eigentlichen Sinne kann man ihn nicht bezeichnen.

Diejenigen Röhrlinge, die ungenießbar sind, weil sie nicht gut schmecken, kann der Anfänger zusammen mit den giftigen Röhrlingen sofort ausscheiden, wenn er alle dickstieligen Röhrlinge, die einen graulich-blassen Hut haben, meidet.

Dadurch bleiben auch gleich der Sommerröhrling und der Purpurröhrling (obgleich nicht giftig – aber sehr selten und deshalb schonungsbedürftig) vor dem Einsammeln verschont.

Den Gallenröhrling, der oft mit Steinpilzen verwechselt wird, scheidet man aus, indem man an einer frischen Schnittstelle eine Geschmacksprobe vornimmt.

Der Steinpilz

Wenn ich hier **den** Steinpilz vorstelle, so meine ich die normale Form dieses Pilzes, der von Ende Mai bis Anfang November in unseren Laub- und Nadelwäldern anzutreffen ist, doch die Monate (Mai) Juni und Juli bevorzugt. Bei Pilzsammlern ist der Steinpilz ein Begriff, so daß man ihm seine Veränderlichkeit in Größe und Hutfarbe nicht verübelt, hat er doch trotz alledem das Aussehen eben eines Steinpilzes! Wenn man von den „Riesenexemplaren“ absieht, so wird er 7 bis 15 cm hoch und sein Hut weist einen Durch-

Steinpilze sind wohl die beliebtesten Sammelpilze

messer von 8 bis 22 cm auf. Anfangs ist er kugelig, später gewölbt und von heller oder dunkler, ja sogar rotbrauner und manchmal graugelblicher Farbe. Die engen Röhren an der Hutunterseite sind anfangs weißlich, später gelblich gefärbt und ändern bei Druck die Farbe nicht. Der Stiel ist bei jungen Pilzen bauchig, bei größeren keulenförmig, gelegentlich sogar fast gleichmäßig dick. Die Stielfarbe ist weißlich bis blaßbräunlich und gleich unter dem Hut findet man am Stiel ein deutlich erkennbares weißliches Adernetz. Das Fleisch des ganzen Pilzes (aufschneiden) ist weiß, nur unter der Huthaut rötlich, in jungem Zustand fest, später weich und schwammig werdend.

Von Mai bis Juni findet man unter Eichen und Buchen den hellhütigen Eichensteinpilz, dessen Huthaut feinfilzig, gelegentlich feldrig eingerissen ist. Der Stiel ist ganz mit einem feinadrigen Netz überzogen.

Der kupferrote Steinpilz, mit kupferrotem Hut und kupferrötlichem Stiel-Adernetz wächst **nur** im Nadelwald.

Diesem sehr ähnlich, doch bei uns selten, ist der Bronzesteinpilz (schwarzhütiger Steinpilz). Alles sind wohlschmeckende Verwandte, so daß eine Verwechslung mit ihnen niemandem Schaden bringt.

Auch die gelegentlich vorkommende Verwechslung mit dem Maronenröhrling (siehe Seite 40) ist ungefährlich, denn auch dieser ist ein guter Speisepilz. Letzterer ist an dem bläuenden Fleisch und den bei Druck bläuenden Röhren leicht erkennbar. Unangenehm, doch nicht gefährlich ist die Verwechslung der Steinpilze mit dem sehr bitteren, doch nicht giftigen Gallenröhrling. In jungem Zustand ist er den Steinpilzen zum Verwechseln ähnlich.

Zum Verwechseln ähnlich: Der Gallenröhrling

Eine Geschmacksprobe – an frischer Schnittfläche – schafft aber schnell Klarheit.

□ Bei Steinpilzen hat man interessante Besonderheiten beobachtet: Es kann vorkommen, daß er sich jahrelang so spärlich zeigt, daß man an sein Aussterben zu glauben geneigt ist. Plötzlich aber kommt ein „Steinpilzjahr“, in dem es sehr große Mengen herrlichster Steinpilze gibt. Sie wachsen dann sogar an den Stellen, an denen niemand Steinpilze vermutet, oder sie vorher jemals gesehen hat.
Eine weniger schöne Besonderheit ist die Beliebtheit des Steinpilzes beim Wild, besonders bei Rehen, die ihn gerne fressen. Schnecken

Angefressener Steinpilz

und Käfer lieben sein Fleisch und nur selten ist er ganz frei von Maden. Pilzfliegen und andere Insekten legen ihre Eier an der Unterseite des Hutes ab, und die Larven halten mit der schnellen Entwicklung des Pilzes Schritt. Oft muß man mehr als die Hälfte eines noch jungen Pilzes wegwerfen und bei älteren Exemplaren besteht kaum noch Hoffnung auf Verwendbarkeit (siehe Abb. Seite 29). Es ist bei Steinpilzen daher ganz besonders wichtig, diese an Ort und Stelle zu putzen und sie zu Hause sofort zuzubereiten. Über Nacht ist oft schon die ganze Sammelausbeute verdorben.
Hausfrauen, die Erfahrung mit Pilzen besitzen, haben natürlich auch ihre eigenen, besonderen Steinpilzrezepte. Für die anderen sei vermerkt, daß Steinpilze in Scheiben geschnitten, paniert und gebraten, oder geschnitzelt, unpaniert in Fett gebraten, am besten schmecken. Auch gehören Steinpilze zu den Pilzarten, die sich gut trocknen lassen, was man nicht von allen Speisepilzen sagen kann.
PS. Es lohnt sich, an Waldrändern und in Straßengräben nach Steinpilzen zu suchen. Dort gibt es sie oft in großer Menge. □

Der Birkenpilz (Birkenröhrling)

Es gibt soviele auffallende Merkmale am Birkenpilz, daß er für den Pilzsammler ein leicht erkennbarer Röhrling ist. Da ist zunächst der lange, zumeist gleichmäßige, unten oftmals dickere Stiel zu nennen, der bis zu 15 cm hoch wird. Auf weißem Grund sitzen kleine, schwärzliche Schuppen oder Fasern, wodurch der ganze Stiel sich

Birkenpilze.

rauh anfühlt. Der Stiel trägt einen weichfleischigen Hut, der etwa 5 bis 9 cm groß wird. Die Hutfarbe ist braun, wobei Variationen zwischem blassem Graubraun, dunklerem Graubraun und reinfarbigem Dunkelbraun möglich sind. Die Huthaut ist glatt und bei feuchtem Wetter oftmals schmierig. Die Röhren sind besonders lang, besitzen in der Jugend weiße, dann graue Mündungen.
Das Hutfleisch ist weißlich und verändert sich farblich wenig. Bei älteren Pilzen wird es leicht weich und die Röhren schwammig. Deshalb sollte man nur junge Birkenpilze sammeln, zumal auch im Alter die Röhren sehr stark mit Maden und Insekteneiern durchsetzt sind. Auch der Stiel, der im Alter zäh wird, enthält dann sehr viele Maden.
Als junger Pilz aber ist der Birkenpilz ein ausgezeichneter, wohlschmeckender Speisepilz.
Wie es schon der Name sagt, findet man den Birkenpilz unter Birken, doch sollte man sich hüten, „nur unter Birken" zu sagen, denn man hat schon stattliche Birkenpilze unter Hainbuchen gefunden.
Fest steht allerdings, daß der Birkenpilz eine Lebensgemeinschaft mit der Birke oder Verwandten der Birke (Pappel, Buche) nötig hat. In den Monaten Juni bis Oktober kann man ihn am häufigsten in lichten Wäldern oder am Waldrand, auf Heiden oder in Torfmooren finden, und an Hohlwegrändern oder Böschungen gibt es ihn auch. Letzteres ist für viele Röhrlinge charakteristisch. Man findet beispielsweise Steinpilze in Straßengräben, Ziegenlippen an steilen Wegböschungen und Butterpilze an Schneisen und Straßen im Kiefernwald.

□ Es ist genaugenommen noch so vieles rätselhaft im Hinblick auf die Pilze, daß auch dies nur eine Vermutung bleibt, doch scheint es, als ob dieses Verhalten eine Reaktion des Pilzes ist, die der Erhaltung seiner Art dient. Durch Böschungen, Wege und Schneisen wird der Ausbreitung des Mycels eine Grenze gesetzt, und der Pilz beantwortet diese „Bedrohung" seines Daseins, indem er an diesen Stellen besonders viel Fruchtkörper an die Oberfläche schickt, die durch Sporenbildung für weitere Ausbreitung sorgen. – Auch das häufige Vorkommen von Röhrlingen an Waldrändern dürfte dadurch eine Erklärung finden. Ist der Wald der günstigste Lebensraum für sie, so ist seine Grenze auch eine Grenzlinie für das Mycel, welches außerhalb dieses Lebensraumes bedroht ist, und darauf mit der Anlage zahlreicher Fruchtkörper antwortet. □

Übrigens gibt es nicht nur einen Birkenpilz bei uns, sondern noch einige Verwandte, die teilweise sogar als eigene Art angesehen wer-

Birkenreizker als Speisepilze nicht zu empfehlen

den. Aber alle sind gute Speisepilze, so daß Verwechslungen ohne Bedeutung sind. Nennen möchte ich hier nur die weiße Form, die unter Birken auf saurem Boden oder in Mooren vorkommt. Sie ist jedoch selten.
Es gibt noch eine Reihe anderer Pilze, die zu den Birkenbegleitern gehören, so daß man an den für Birkenpilze typischen Plätzen noch weitere Sammelausbeute machen kann. An wohlschmeckenden Speisepilzen wachsen an diesen Stellen das Rothäubchen – Rotkappe (siehe Seite 35) und der Grasgrüne Täubling.
Zwei mehr oder weniger scharfe Milchlinge, die zwar nach Vorbehandlung gegessen werden können, vor denen jedoch gewarnt werden muß – denn warum soll man sich der Gefahr einer leichten Pilzvergiftung aussetzen – sind wichtige Birkenbegleiter:
Es sind der Birkenreizker und der Blasse Duftmilchling. Und nicht vergessen sei der Fliegenpilz, der gerne unter Birken wächst. Er ist giftig!
Viel bunter und lebhafter wird die Gesellschaft, wenn die Birken neben Kiefern oder Tannen und Fichten wachsen. Doch darauf soll hier nicht näher eingegangen werden. Möge diese Möglichkeit zeigen, wie schwierig es ist, bestimmte Pilze bestimmten Standorten sicher zuzuordnen oder gar das Vorkommen eines Pilzes auf diese Weise ausschließen zu wollen.

Nur ein Pilz sollte hier noch kurz erwähnt werden, weil er das wohlschmeckende Gegenstück zum Birkenreizker ist. Es ist der Edelreizker. Zwar bevorzugt er die Gesellschaft von Fichten oder Kiefern auf grasigen Waldschneisen oder Lichtungen, oder wächst über-

Der Edelreizker mit orangefarbener Milch ist ein hervorragender Speisepilz.

haupt im dunklen Fichtenwald, doch da stehen oftmals auch Birken, in deren Gesellschaft sich Birkenreizker wohlfühlen. Man kann jedenfalls beide Pilze einträchtig nebeneinander stehen sehen. Da man den Birkenreizker besser nicht ißt, der Edelreizker jedoch – sofern er nicht madig – ein überaus wohlschmeckender Speisepilz ist, drängt sich die Frage nach dem sicheren Unterscheidungsmerkmal auf. Hier haben wir Glück. Das Unterscheidungsmerkmal ist die orange Milch beim Edelreizker im Gegensatz zur weißen Milch des „falschen", des Birkenreizkers. Die Verwechslung des Edelreizkers mit dem Blutreizker, der eine rotweinfarbige Milch aufweist, ist nicht tragisch, weil auch dieser ein guter Speisepilz ist.

Ein Tip für die Hausfrau:
Die Hüte der Edelreizker, unzerteilt, paniert in der Pfanne gebraten, sind ein Leckerbissen ersten Ranges. Ähnliches gilt auch für die Zubereitung des Brätlings (vgl. Seite 46).

Die Rotkappe (Rothäubchen)

Ein sehr naher Verwandter des Birkenpilzes ist die Rotkappe, die unter Birken oder Zitterpappeln in Wäldern, an Waldrändern und auf Heiden vorkommt. Die Hauptwachstumsmonate sind Juni bis Oktober.
Auch in den Straßengräben lohnt es sich, nach Rotkappen Ausschau zu halten, besonders wenn sie von Pappeln und jungen Birken begleitet sind, und selbst Wegränder können ergiebig sein.

Zwei Rotkappen in idealer Sammelgröße.

Wer sich diesen Pilz einmal genau angeschaut hat, der wird ihn niemals mehr verwechseln, denn es gibt keinen Röhrling, der ihm gleicht. Form, Farbe und Haltung sind typisch für ihn. In jungem Zustand, wenn der Hut noch geschlossen ist und dem Stiel noch anliegt, sieht der Pilz aus, wie ein großes Streichholz mit rotem Kopf.
8 bis 20 cm wird die Rotkappe hoch und 6 bis 20 cm breit kann der Hut werden, der leuchtend orangerot bis braun aussieht. Der Stiel ist gleichmäßig dick, weißlich, rauh und mit schwärzlichen oder bräunlichen Flockenschuppen besetzt. Das Fleisch ist fester als das des Birkenpilzes. Es nimmt beim Anschneiden eine graue oder schiefergraue bis lila Farbe an und wird beim Kochen dunkel bis schwarz. Darüber sind die Hausfrauen ein wenig betrübt, sieht doch das Pilzgericht wenig einladend aus. Aber die Bekömmlichkeit und der Wohlgeschmack dieses Pilzes trösten darüber hinweg.

Man braucht es wohl kaum noch zu sagen: Verwechseln kann man die Rotkappe eigentlich kaum. Und wer dennoch einmal einen Birkenpilz, den nächsten Verwandten, für eine Rotkappe hält, der ißt trotzdem einen bekömmlichen und schmackhaften Speisepilz.

Der Butterröhrling

Wir machen keinen Hehl daraus. Es geht in diesem Buch sehr um die Sicherheit, die anfangs versprochen wurde. Und deshalb ist auch unter den ersten zehn beliebten Speisepilzen der Butterröhrling, zumal er ganz hervorragend schmeckt.

Der Butterpilz, ein idealer Sammelpilz für Anfänger

Das ist ein Pilz für Anfänger, den man nicht verwechseln kann, der recht häufig und überaus wohlschmeckend ist. Wenn er auch dem Sammler durch seine schleimige Huthaut etwas mehr Arbeit macht, es lohnt sich, diesen Röhrling zu sammeln. Man muß nur drei Punkte beachten:

1. Wenn irgend möglich, so ziehe man dem Pilz sofort seine schleimige Haut vom Hut.
2. Man transportiere ihn so, daß er nicht gedrückt wird. Sein sehr weiches Fleisch wird sonst unappetitlich. Zweckmäßigerweise legt man ihn in ein gesondertes Sammelbehältnis.
3. Man vermeide es auf alle Fälle, den Pilz zu waschen.

Das sagte ein Pilzexperte, der nach seiner Meinung über den Butterröhrling befragt wurde.

Der Butterpilz wächst auf Waldschneisen, im Kiefernwald, gerne zwischen Heidekraut vom Frühsommer bis in den Herbst hinein. Wer einmal Fundstellen ausfindig gemacht hat, der kann „sein Revier“ alljährlich abernten. Es ist charakteristisch für den Butterpilz, daß er ungemein standorttreu ist.
Standorttreue kann man bei sehr vielen Pilzen beobachten, ganz besonders aber bei den Röhrlingen. Sie vagabundieren nicht gerne. Das ist den alten „Schwammerlsuchern“ sehr recht. Sie können sich auf ihre Fundstellen verlassen und hüten sie deshalb vor jedermann. Besonders froh sind sie, wenn sie eine neue, versteckte Fundstelle ausfindig machen.

Der Habichtspilz wird als Würzpilz sehr geschätzt

Wenn auch der Butterröhrling leicht erkannt werden kann, so sei sein Steckbrief dennoch nicht unterschlagen. Eigelb bis schokoladebraun ist sein 4 bis 10 cm breit werdender, gewölbter Hut, der mit einer abziehbaren, schleimigen Haut überzogen ist. Sein Stiel ist gleichmäßig dick, wird bis 10 cm hoch und hat einen anfangs weißlichen, später violettbraunen Ring. Über dem Ring ist der Stiel gelb und zeigt braune Pünktchen. Unterhalb des Ringes ist er zumeist bräunlich gefärbt. Das Pilzfleisch ist sehr weich und weißlichgelb. Butterpilze faulen sehr schnell und sind deswegen nicht zum Trocknen geeignet.

□ Wer im Kiefernwald auf Pilzsuche geht, der kann dort noch weitere interessante Pilze finden, denn es gibt eine Reihe von Pilzen, die entweder auf die Nähe der Kiefern angewiesen sind oder deren Nähe bevorzugen. Manche unterscheiden nicht so genau zwischen Kiefern, Fichten, Tannen oder anderen Nadelhölzern, doch der Goldröhrling (vgl. Seite 38) braucht unbedingt Lärchen, und zwar ersatzlos.
Unter Kiefern wachsen eine Reihe von Täublingen, unter anderem der wohlschmeckende Apfeltäubling (vgl. Seite 57). Auch der Maronenröhrling (siehe Seite 40) fühlt sich unter Kiefern sehr wohl, und der Blutreizker – ein Verwandter des Edelreizkers – (siehe Seite 34) sowie der Habichtspilz brauchen nicht zu überraschen.

Besonders erwähnt sei noch die Krause Glucke, die bevorzugt an Kiefernwurzeln oder Kiefernstümpfen oder am Grunde alter Kiefernstämme wächst. Sie wird gelegentlich so groß, daß wenige Exem-

Die Krause Glucke ist in jungem Zustand ein schmackhafter Speisepilz.

plare eine hungrige Pilzsucherfamilie sättigen können. Alte Pilze können bis zu 10 kg schwer werden, doch nur ganz jung sind sie schmackhaft. □

Der Goldröhrling

Ebenfalls ein schleimiger Röhrling mit abziehbarer Huthaut ist der Goldröhrling. Sein Name sagt es schon, der Hut ist goldgelb bis zitronengelb gefärbt. Die schwefelgelben Röhren verfärben sich bei Druck rotbraun. Der Hut wird bis 12 cm breit, während der

Der Goldröhrling kommt nur unter Lärchen vor.

dünne Stiel unterschiedlich lang ist. Seine Farbe ist gelb oder rötlich und über dem vergänglichen Ring kann man rote Punkte feststellen. Das gelbe Pilzfleisch ist sehr weich, doch der ganze Pilz ein überaus wohlschmeckender Speisepilz. Interessant dürfte sein, daß der Goldröhrling unbedingt auf das Vorhandensein einer Lärche in seiner unmittelbaren Nähe angewiesen ist. Das Pilzmycel kann ohne die Lebensgemeinschaft mit einer Lärche nicht existieren, was durch zahlreiche Experimente sicher nachgewiesen ist. Diese Tatsache kommt uns sehr gelegen, denn wenn ein Pilz, den wir für einen Goldröhrling halten, nicht in der Nähe einer Lärche gefunden wird, so ist es keiner. Der Goldröhrling erscheint an der gleichen Stelle oft mehrmals im Jahr. Das hängt mit den Feuchtigkeitsverhältnissen des Standortes zusammen.

□ An dieser Stelle noch ein wenig über andere Lärchenbegleiter, die möglicherweise zusammen mit dem Goldröhrling gefunden werden. Der Hohlfußröhrling ist nicht häufig und der gefleckte Gelbfuß, ein Lamellenpilz, der auch nur unter Lärchen vorkommt, ist recht selten. Anders steht es mit dem Grauen Lärchenröhrling, der zwar nicht überall vorkommt, doch oftmals zusammen mit dem Goldröhrling massenweise unter Lärchen anzutreffen ist. Mit dem Goldröhrling hat er auch noch gemeinsam, daß er ebenfalls einen klebrig-schleimigen Hut besitzt, allerdings von blaßgrauer oder gelblichgrauer Farbe. Auch der Stiel ist kurz und schlank, von grauer Farbe und mit einem Ring besetzt, der anfangs weiß, später bräunlich aussieht.
Dieser Pilz ist eßbar, wenn er auch nicht den Wohlgeschmack des Goldröhrlings besitzt. Auf kalkreichem Boden unter Lärchen – besonders in Süddeutschland – gibt es auch gelegentlich den Rostroten Lärchenröhrling, der durch seine Farbe auffallt und in Form und Haltung dem Goldröhrling ähnlich ist.
Da er auch eßbar ist, ist eine Verwechslung ungefährlich. □

Der Maronenröhrling

Den Abschluß der Röhrlinge in diesem Kapitel soll der Maronenröhrling bilden. Er ist ein ausgezeichneter Speisepilz, kommt meist in Nadelwäldern einzeln oder auch gesellig vor und tritt in manchen Gegenden massenweise auf. Der späte Herbst ist seine Zeit. Er wächst sehr gerne am Grunde alter Kiefernstämme.
Der Maronenröhrling hat einen dunkelbraunen Hut, der in der Jugend fein samtig, später glatt und glänzend aussieht. Die Form

Der wohlschmeckende und beliebte Maronenröhrling

des Hutes ist gewölbt, seine Größe beträgt 5 bis 12 cm. Die gelblichen Röhren bekommen später einen grünlichen Ton. Sie bläuen bei Druck schnell. Der gleichmäßig dicke Stiel wird 6 bis 12 cm hoch und ist in ganz jungem Zustand etwas bauchig, gelegentlich verbogen. Die Farbe des Stiels ist bräunlich bereift. Oben hat er eine gelbliche Farbe. Das Pilzfleisch ist weißlich und über den Röhren blaßgelb. Dort läuft es langsam bläulich an.
Verwechseln kann man diesen Pilz mit dem Gallenröhrling, wovor uns eine Geschmacksprobe an einer frischen Schnittstelle bewahrt. Verwechslungen mit dem Steinpilz (siehe Seite 28), der Ziegenlippe (siehe Seite 52), oder dem schwarzbläuenden Röhrling sind ungefährlich, da alle drei wertvolle Speisepilze sind.

B Blätterpilze

Im Gegensatz zu den Röhrenpilzen oder Röhrlingen haben die Blätterpilze, die auch Lamellenpilze genannt werden, an der Hutunterseite dünne Blättchen, die wie die Speichen eines Rades angeordnet sind. Sie stehen oft sehr dicht (Champignons) oder aber auch weitläufiger (Täublinge). Hier werden die Sporen ausgebildet.
In diese Gruppe sollte allerdings auch ein sehr beliebter Speisepilz mit aufgenommen werden, der nicht zu den echten Blätterpilzen gehört, sondern zu den Leistenpilzen. Das muß der Exaktheit wegen gesagt werden. Es ist der Pfifferling. Seine Sporenträger an der Hutunterseite, die etwas am Stiel herablaufen, sind botanisch gesehen keine echten Lamellen und werden Leisten genannt.

Blätterpilze kennenzulernen und sicher zu bestimmen, ist weit schwerer, als das bei der noch überschaubaren Gruppe der Röhrenpilze der Fall ist. Bei uns in Deutschland kommen davon mehr als 1500 verschiedene Arten vor. Viele sind sich so ähnlich, daß sie ohne Zuhilfenahme des Mikroskops, mit dem man die Sporen prüft, oftmals kaum genau bestimmt werden können. Hinzu kommt noch, daß sie im Hinblick auf ihre Form und Färbung unendlich veränderlich sind. Sehr viele Blätterpilze sind ungenießbar, einige giftig und der tödlich giftige Knollenblätterpilz (siehe Seite 70) ist auch ein Lamellenpilz. Dennoch, es gibt unter ihnen sehr viele gute und einige ausgezeichnete Speisepilze, daß es sich für den Pilzsammler und Pilzfreund durchaus lohnt, sich auch mit dieser Gruppe von Pilzen zu beschäftigen. Allerdings muß die Auswahl der für Anfänger empfohlenen Speisepilze, will man die Sicherheit nicht aufs Spiel setzen, wohl bedacht werden.
Lieber nur wenige, als eine verwirrende Vielfalt, auch auf die Gefahr hin, daß viele wertvolle Pilze ungenutzt bleiben.

Die Champignons

Sie mögen den Reigen eröffnen, und wir sagen es gleich, diese 20 bei uns vorkommenden Arten alle sicher unterscheiden zu können, ist ein hartes Stück Arbeit, und es zu lehren, nicht die Aufgabe dieses Buches.
Hier soll ein anderer Weg beschritten werden, nämlich zuerst die ganze Gattung der Champignons von anderen abzutrennen, die Ver-

Champignons haben immer rötliche bis braune Lamellen

wechslung mit Knollenblätterpilzen auszuschließen und dann Ordnung zwischen den einzelnen Vertretern zu schaffen, die das sichere Erkennen der wohlschmeckenden Arten ermöglicht.

□ Die Champignons gehören zu den Schwarzsporern. Das bedeutet, daß die Sporen, die in den Lamellen ausgebildet werden, in reifem Zustand dunkelbraun bis schwarz sind. Selbst in ganz jungem Zustand schimmern die dunklen Sporen durch das Fleisch der Lamellen und färben sie schwach bis stärker rosa. Später wandelt sich die schwache Rosafärbung über ein kräftiges Rosa, ein helles Braun zum dunklen Schwarzbraun.

Das zu wissen ist wichtig:
Die Lamellen der Hutunterseite sehen beim Champignon niemals weiß aus! Diese Formulierung wurde absichtlich so gewählt, denn dadurch unterscheiden sich Champignons sicher von den giftigen Knollenblätterpilzen, die rein weiße Lamellen aufweisen.

Weitere allgemeine Kennzeichen für Champignons sind der Ring am Stiel, der zumeist weiße (wenn auch gelegentlich schmutzig-graubraunweiße) Hut, der sich leicht vom Stiel trennen läßt, und die freien Lamellen. Darunter versteht man Lamellen, die den Stiel nicht berühren. So kann man also die Champignons erkennen, und wem es nicht gelingt, einzelne Arten zu unterscheiden, dem sei gesagt, daß auch das nicht so tragisch ist. Die verschiedenen Arten sind bis auf zwei alle genießbar bis wohlschmeckend, und die ungenießbaren oder schwach giftigen Vertreter, der Carbolchampignon und der Kompostchampignon sind wiederum von den anderen Champignons leicht abzutrennen.
Der Carbolchampignon riecht intensiv nach Carbol (Desinfektionsmittelgeruch) und besitzt ein weißes Fleisch, das beim Verletzen sofort gelb anläuft. Diese Verfärbung ist bei ihm immer zu beobachten, während der Geruch mehr oder weniger deutlich sein kann, was nicht zuletzt auch an der „Nase“ des Prüfers liegt. Der Riesenchampignon, der auch gelbliches Fleisch hat, und vor allem der Schafchampignon, duftet angenehm nach Anis.
Der Kompostchampignon sieht unappetitlich schmutzig aus. Er wächst zumeist auf Komposthaufen und zwischen verwesendem Müll, wo man ohnehin keine Pilze sammelt.

Der beliebteste Champignon ist der Wiesenchampignon, der auch Wiesenegerling genannt wird, wie alle Champignons auch Egerlinge heißen. Er ist nur außerhalb des Waldes, bevorzugt auf Viehweiden und gedüngten Wiesen oder Gartenland anzutreffen.

Es gibt aber auch Champignons, die im Wald wachsen. Genannt seien hier der Schafchampignon, der Riesenchampignon, der Zwergchampignon und der Blutchampignon. Sie sind alle eßbar.
Die Champignon-Arten des Waldes werden jedoch immer wieder mit Knollenblätterpilzen verwechselt.
Wer aber hier auf die Sporenfarbe achtet, der vermeidet mit Sicherheit die tödliche Vergiftung. – **Knollenblätterpilze haben reinweiße Lamellen!**
Der Schafchampignon mit seinem gelblichen Fleisch duftet angenehm nach Anis, sein Hut ist reinweiß und man findet ihn in geschlossenen Buchen- oder Fichtenwäldern zumeist gesellig. Er gehört zu den allerköstlichsten Speisepilzen, hat einen verhältnismäßig hohen Nährwert und ist leicht verdaulich.
Der Riesenchampignon – sein ausgebreiteter Hut kann über 20 cm messen – hat dünnes Hutfleisch, riecht angenehm nach Anis und Mandeln und fällt durch seine gelblich-bräunlichen Hutschuppen auf, die in der Hutmitte einheitlich braun sind. Er ist nicht nur ein ergiebiger, sondern auch ein guter Speisepilz.
Der Zwergchampignon ist der kleine Bruder des Riesenchampignon, Hut 2 bis 5 cm. Der Blutchampignon, der auch nicht besonders groß wird und in Fichtenwäldern von August bis Oktober wächst, fällt durch das sich blutrot verfärbende Fleisch auf, wenn man ein Stückchen davon abbricht. Auch er ist ein guter Speisepilz. □

Doch nun als Muster aller Champignons Näheres über den

Wiesenchampignon (Wiesenegerling)

Seinem Namen zufolge ist er auf Viehweiden, gedüngten Wiesen, Feldrainen und an gedüngten Stellen im Garten anzutreffen. Sein weißer bis schmutzigweißer Hut ist dickfleischig, anfangs halbkugelig geschlossen, dann lange Zeit gewölbt und im Alter ausgebreitet.
Er wird 5 bis 10 cm breit. Der Hutrand reicht weit über die Lamellen hinaus. Die Lamellen sind in jungem Zustand hellrosa bis bräunlichrosa, später braun und schließlich dunkelbraun bis schwarz gefärbt. Der 3 bis 7 cm hoch werdende Stiel ist zumeist kürzer als der Hut breit ist, weiß bzw. leicht rosa gefärbt und trägt einen Ring. Wenn er am Stiel fehlt, hängt er irgendwo am Hutrand.
Der Wiesenchampignon kann auch schon im Mai erscheinen. Seine Hauptzeit sind jedoch die Monate August bis Oktober. In manchen Jahren ist er sehr selten, in anderen dagegen häufig zu finden.

Wiesenchampignon

Man kann beobachten, daß nach langer Trockenzeit, wenn plötzlich Regen fällt, der Pilz über Nacht in unvorstellbar großen Mengen aus dem Boden schießt.
Verwechslungen mit dem Schafchampignon, dem Gartenchampignon, dem Stadtchampignon oder gelegentlich auch mit dem Ackerschirmling oder dem Rosaroten Schirmling, die auch an den gleichen Stellen wachsen, sind ungefährlich, da alles wohlschmeckende Speisepilze sind.

Der Knollenblätterpilz wächst nicht auf Wiesen!

Der Riesenschirmling (Parosolpilz)

Ein Pilz, der wegen seiner Größe viel Bewunderung auslöst, ist der Parasolpilz, der auch Riesenschirmling genannt wird. Diesen Namen verdient er bestimmt zu Recht, denn es sind Exemplare gefunden worden, die einen Hutdurchmesser von 40 cm aufzuweisen hatten. Wenn man seinen Hut wie ein Schnitzel paniert und brät, so schmeckt er vorzüglich. Der Stiel ist zäh und seine Verwendung für ein Pilzgericht ist wenig zu empfehlen.
Hier sein Steckbrief:
Er kommt von Juli bis November in Gärten, Parkanlagen, lichten Wäldern und an Waldrändern vor. Im Gegensatz zu vielen anderen Pilzen braucht er unbedingt Licht. Sein Hut wird 10 bis 40 cm breit, ist in der Jugend eiförmig geschlossen, so daß junge Pilze das

Riesenschirmling

Aussehen eines Paukenschlegels haben. Später breitet er sich schirmartig aus, um im Alter ganz flach zu sein. In der Hutmitte ist dann ein deutlicher Buckel wahrzunehmen. Die Huthaut ist in der Jugend bräunlich bis braun, rindenartig, um beim „Aufschirmen“ schuppig zu zerreißen.
Der Stiel ist steif, am Grunde knollig verdickt und wird bis zu 35 cm hoch. Innen ist er hohl, und das Stielfleisch ist faserig und zäh. In jungem Zustand ist er wie der Hut mit einer braunen Rindenhaut überzogen, die beim Streckungswachstum zerreißt und dem Stiel auf weißem Grund zackige, braune Querbänder verleiht. Der doppelt gerandete Ring ist verschiebbar.

Safranschirmling

Es gibt aber noch eine ganze Reihe anderer Schirmlinge, große und kleine. Die kleinen Schirmlinge (gemeint sind natürlich nicht die jungen Exemplare der größeren Formen) sollte man grundsätzlich nicht essen, denn es gibt einen unter ihnen, der zwar in Deutschland sehr selten ist, doch tödlich giftig sein soll, nämlich den Fleischroten Schirmling.
Als Richtzahl möge die Hutbreite eines ausgewachsenen Exemplares von 7 cm gelten. Die mit Sicherheit eßbaren Schirmlinge sind größer.

Verdächtig – jedoch nicht nachweisbar giftig – ist der seltene Spitzschuppige Schirmling, dessen braune Huthaut in aufrechte Stachelschuppen aufreißt. Er riecht unangenehm!
Unangenehm riechen auch überalterte Schirmlinge, die man ebenfalls nicht verspeisen sollte.

Der Brätling

Der Brätling gehört zu den Milchlingen, die mit den Täublingen (Seite 53) in die Familie der Sprödblättler gehören, weil ihr Fleisch spröde, vor allen Dingen aber die Lamellen spröde und brüchig sind. Täublinge haben keine Milch, die Milchlinge jedoch sondern bei Verletzung am Hut, Stiel, besonders aber an den Lamellen, eine farblose, weiße oder auch lebhaft gefärbte (gelb-orange beim echten Reizker) Milch ab, die scharf, ätzend oder aber auch angenehm mild schmeckt. Zur Pilzbestimmung werden Beschaffenheit

Milchbrätling, der einzige Milchling, der nach Hering riecht, ist gebraten ein vorzüglicher Speisepilz.

und Aussehen dieses Milchsaftes, vor allen Dingen aber auch der Geschmack gerne herangezogen.
Auf gleichmäßig dickem, nicht hohem Stiel, orangegelbbraun und matt bereift aussehend, hat der Brätling einen 6 bis 12 cm breiten Hut, der anfangs flach gewölbt und am Rande eingerollt ist. Im Alter ist der Hut in der Mitte niedergedrückt und gelegentlich rissig. Wie der Stiel ist er matt und schön orangegelbbraun gefärbt. Die Lamellen sind gelblich. Sie sondern bei geringster Verletzung einen weißen, mild schmeckenden Milchsaft in reichlicher Menge ab und werden selber braunfleckig. Das Fleisch des Brätlings ist sehr fest, schmeckt mild und riecht sehr intensiv nach Hering. Dieser Geruch ist charakteristisch für den Brätling, denn man kennt keinen anderen Milchling, der nach Hering riecht. Eine Geruchsprobe kann hier vor Verwechslungen mit ungenießbaren oder gar giftigen Milchlingen schützen.
Der Brätling kann nur gebraten als Speisepilz verwendet werden, denn beim Kochen wird sein festes Fleisch weich, schmierig und schleimig. Paniert und scharf gebraten schmeckt er jedoch vorzüglich.
Wer Brätlinge suchen möchte, muß in Laubwälder gehen. Dort findet man ihn meist einzeln, seltener auch gesellig. Seine Zeit sind die Monate Juli bis Oktober.

Der Pfifferling

Dieser wohl beliebteste und bekannteste Speisepilz ist mit sehr vielen Namen belegt worden. Eierschwamm, Rehfüßchen, Rehling oder Geißling wird er häufig genannt. Er gehört, wie schon gesagt, zu den Leistenpilzen.
Seine Farbe ist lebhaft dottergelb, manchmal blasser, jedoch nur selten weißlich. Sein Hut ist 2 bis 6 cm breit, in jungem Zustand etwas gewölbt, später eingedrückt und am Rande wellig verbogen. Aus dem Hut heraus verschmälert sich sein Stiel nach unten. Die Höhe des Pfifferlings beträgt gewöhnlich 2 bis 7 cm. Der ganze Pilz ist fleischig, also nicht hohl. An der Hutunterseite sitzen, den Stiel herablaufend, ziemlich dicke, niedrige Leisten, die sich gabeln und untereinander netzartig verbunden sind. Der Pilz duftet angenehm. Sein Fleisch ist weiß, am Rande jedoch gelblich.
Neben der eben beschriebenen Form kommt der Pfifferling auch als ganz kleiner Pilz vor, der nicht viel größer als ein Kragenknopf wird, auch wenn man ihm noch so viel Zeit zum Wachsen läßt.

Pfifferlinge

Der Pfifferling ist von Juni bis November in Laub- und Nadelwäldern zu finden. Früher war er weit häufiger als heute, so daß berechtigte Befürchtungen bestehen, daß der so beliebte Pilz aus unseren Wäldern langsam verschwindet.
Wie kaum ein anderer Pilz besitzt der Pfifferling viele gute Eigenschaften, die das Einsammeln zur besonderen Freude machen. Er ist fast nie madig, wird nur selten von Käfern und Schnecken angefressen und übersteht den Transport vom Fundort bis zum Kochtopf zumeist ohne Schaden. Sein Geschmack ist überaus angenehm, weshalb er sehr vielseitig verwendet werden kann.
Es gibt allerdings Menschen, die keine Pfifferlinge vertragen.

Die „Kragenknopf-Form" der Pfifferlinge

Verwechslungen:
Zur Beruhigung vorweg: Die Pilze, die man leichter mit dem echten Pfifferling verwechseln kann, sind nicht giftig. Sowohl der Samtpfifferling, der einen feinsamtigen, orange- bis zinnoberroten Hut besitzt, als auch der falsche Pfifferling, der durch seine papierdünnen Lamellen auffällt, sind eßbar.
Eigentlich nur der absoluten Sicherheit wegen sei hier noch der leuchtende Ölbaumpilz, der eine sehr entfernte Ähnlichkeit mit dem Pfifferling besitzt, erwähnt. Er ist giftig, doch so selten, daß wir ihm wohl kaum begegnen. Ein sicheres Erkennungsmerkmal sind seine ungegabelten Lamellen. Außerdem ist er viel größer als der Pfifferling und wächst auf Baumstümpfen.

III. Speisepilze, die leider zu wenig gesammelt werden

Während im allgemeinen die eßbaren Röhrlinge von Kennern voll genutzt werden, ist der Anfänger zurückhaltender. Zwei Röhrlinge aber, die zu Unrecht vernachlässigt werden, seien hier vorgestellt, weil sie häufig zu finden und wohlschmeckend sind. Gemeint ist der Rotfußröhrling und die Ziegenlippe.
Es mag regional verschieden sein, doch man findet in den Sammlerkörben fast immer den Maronenröhrling, doch selten die oben genannten, ebenso wohlschmeckenden Pilze.
Woran es liegt, ist schwer zu sagen. Ist es der rote Fuß und der feldrig aufgerissene Hut beim Rotfußröhrling, der ihn verdächtig macht, ist es die schnelle Vergänglichkeit oder ist es der häufige Befall der Röhrenschicht mit dem Goldschimmel, der beide Pilze dann ungenießbar macht? Wir wissen es nicht, doch möchten wir diese beiden Röhrlinge allen Pilzsammlern wärmstens empfehlen.

Der Rotfußröhrling

ist ein nicht besonders großer Pilz mit einem braungrauen Hut, der 3 bis 8 cm mißt und auf einem 4 bis 8 cm hohen Stiel sitzt. Die Hutoberfläche ist oft, jedoch nicht immer, sehr stark feldrig aufge-

Alte Rotfußröhrlinge von Schimmel befallen.

Rotfußröhrling

rissen und an den Rißstellen rötlich verfärbt. Die grünlich bis zitronengelben Röhren verfärben sich an den Druckstellen grünblau. Der Stiel ist schlank, rotfilzig angelaufen und sonst gelb. Das Fleisch des Pilzes, weißgelblich bis gelb, wird angeschnitten nach einiger Zeit schwach blau.
Der Rotfußröhrling kommt selten ganz alleine vor. Oft tritt er sogar massenhaft auf. Laub- und Nadelwald sind ihm gleich lieb. Juni bis November ist seine Zeit.

Die Ziegenlippe

Ziegenlippe

Sie ist eher ein Einzelgänger und bevorzugt den Laubwald. Sie kommt von Juni bis in den November vor und ist recht häufig anzutreffen. Sie ist dem Rotfußröhrling oft zum Verwechseln ähnlich, was aber wenig zu bedeuten hat, denn beide Pilze sind nahe miteinander verwandt und sich auch im Geschmack sehr ähnlich.
5 bis 10 cm mißt der kissenförmig gewölbte oder ganz flach ausgebreitete Hut, dessen trockene Haut, die ebenfalls rissig werden kann, braun oder gelbbraun aussieht. Die Röhren sind lebhaft gelb gefärbt, werden in fortgeschrittenem Alter grünlich schmutzig und bläuen bei Druck zumeist nicht. Der Stiel wird 5 bis 10 cm hoch. Er ist gleichmäßig dick, schlank und gelblich bis bräunlich oder schwach rotbräunlich gefärbt. Das hellgelbliche Fleisch verändert seine Farbe beim Anschneiden kaum.
Verwechslungen dieser beiden Röhrlinge mit anderen Röhrlingen sind unbedenklich, da keine giftigen Vertreter diesen ähnlich sind.

Täublinge

Die Täublinge und die Milchlinge sind Blätterpilze (Lamellenpilze), die sehr eng miteinander verwandt sind. Sie gehören zu den Sprödblättlern. Wie es schon der Name andeutet, zeichnen sie sich vor anderen Blätterpilzen durch die spröden und leicht brechenden Lamellen der Hutunterseite und auch durch die Sprödheit des Fleisches aus.
Milchlinge sondern an Bruchstellen weiße oder gefärbte „Milch“ ab, während die Täublinge milchfrei sind. Dadurch unterscheiden sich zunächst einmal beide Gruppen voneinander.
Während unter den Milchlingen – zumindest für den Anfänger – nur der Brätling (vgl. Seite 46) und der Edelreizker (vgl. Seite 34) interessant sind, weil sie gute Speisepilze sind, bietet die Gruppe der Täublinge eine große Menge wohlschmeckender Speisepilze an, die viel zu wenig gesammelt und gegessen werden.
Täublinge kann man häufig antreffen, auch dann, wenn in trockenen Sommern fast alle anderen Pilze fehlen. Sie sind manchmal die einzigen Pilze im trockenen Nadelwald. Täublinge wachsen nur im Wald oder unter Bäumen.
Viele Pilzsammler trauen sich an diese Pilze nicht heran, weil eine alte (sehr wenig objektive, um nicht zu sagen falsche) Überlieferung die scharfen Täublinge (besonders den Speitäubling) unter die gefährlichen Giftpilze einreiht. Sieht man aber vom Speitäubling ab, den man auch nur als schwach giftig bezeichnen kann, so muß man die anderen scharf schmeckenden Täublinge wohl besser ungenieß-

bar nennen. Einschließlich des Speitäublings kann niemand mit Sicherheit eine tödliche Vergiftung nachweisen, die auf den Genuß eines Täublings zurückzuführen ist. Es steht also weit besser um diese Pilzgruppe als man meint.
Hinzu kommt noch, daß es ein einfaches Merkmal gibt, wodurch man alle „giftigen" und ungenießbaren Täublinge von den eßbaren unterscheiden kann, und das ist der Geschmack.

Mild schmeckende Täublinge, die auch nicht unangenehm riechen, sind eßbar.

Oder anders herum:

Stinkende oder übel riechende Täublinge, und alle die, die einen scharfen Geschmack aufweisen, sind „giftig" oder ungenießbar.

Durch Kauen eines kleinen Lamellenstückchens (hier sind die scharfen Stoffe am besten feststellbar) und die Geschmacksprobe mit der Zungenspitze sowie durch den Geruch verschafft man sich schnell Klarheit.

Wohlgemerkt: Das gilt aber nur für Täublinge, nicht für andere Blätterpilze, denn der tödlich giftige Knollenblätterpilz schmeckt nicht scharf. (Es wird behauptet, er schmecke angenehm!) VORSICHT!!!

Um nun auch als Anfänger ohne Gefahr Täublinge sammeln und essen zu können, ist es notwendig, diese Pilzgruppe als solche genauestens kennenzulernen. Und das ist wegen der besonderen Merkmale dieser Pilze in bezug auf Haltung und Beschaffenheit von Lamellen und Pilzfleisch nicht schwer. Sehr bald wird auch der Anfänger einen Täubling als solchen sicher erkennen können.

Und so sehen Täublinge aus:
☐ Es sind mittelgroße Pilze, die mit Ausnahme der überalterten Exemplare, die ohnehin nicht gesammelt werden sollen, brüchige Lamellen und festes, sprödes Hut- und Stielfleisch besitzen, welches sich zwischen den Fingern zerbröckeln läßt. Der Stiel läßt sich nicht faserig zerlegen. Er ist zumeist weiß, gelegentlich farbig überhaucht. Er trägt niemals eine Manschette oder einen Ring und besitzt keine Knolle und keine Scheide am Fuß, ist zwar gelegentlich „verbogen", doch zumeist gleichmäßig dick.

Stinktäubling.

Speitäubling.

Grünfelderiger
Täubling.

Die Hutfärbung ist sehr variabel. Es sind so ziemlich alle Farben vertreten, oft sogar recht lebhafte.
Im Gegensatz zu den Milchlingen besitzen Täublinge keine Milch. Der Vollständigkeit halber sei hier erwähnt, daß es einen Täubling gibt (s. Bild S. 57 oben), dessen Lamellen nicht so spröde sind, daß sie beim Darüberstreichen – was bei den anderen Täublingen der Fall ist – splittern. Es ist der Lilagrüne Täubling, der auch Frauentäubling genannt wird. □

Wer nun dennoch glaubt, von dem Grundsatz nicht abweichen zu wollen, nur Pilze zu essen, die er auch als Einzelart richtig und sicher ansprechen kann, dem seien nachfolgend vier Täublinge vorgestellt, die leicht zu identifizieren sind, und die man zu den hervorragendsten Speisepilzen unter den Täublingen zählt.

1. Grünfelderiger Täubling

Er gehört zu den wertvollsten Täublingen, kommt in Laubwäldern unter Birken, Eichen und Buchen vor und ist hauptsächlich in den Monaten Juli und August anzutreffen. Sein Hut ist anfangs kugelförmig gewölbt und noch geschlossen, ausgebreitet wird er 7 bis 13 cm breit. Zuerst ist seine Hutfarbe blaß-grünlich-gelblich, später grünspangrün oder olivgelblich. Die Huthaut ist trocken und reißt feldrig auf. Sein Fleisch ist fest, der Stiel kräftig und gleichmäßig dick (s. Bild S. 55).

2. Frauentäubling (auch Lilagrüner Täubling genannt)

Er wächst von Juni bis Oktober in Laubwäldern, vor allem unter Buchen. Gelegentlich kommt er auch im Nadelwald vor. Da er zu den am regelmäßigsten verbreitetsten Täublingen gehört und ein wertvoller Speisepilz ist, sei er hier beschrieben:
Seine Hutfarbe ist lilagrün, oft mit grauen, gelblichen oder rötlichen Schattierungen. Er kann aber auch einfarbig lila oder dunkelgrün auftreten. Er ist der einzige Täubling, dessen Lamellen beim Darüberstreichen nicht splittern, sondern weich nachgeben und etwas schmieren. Ausgewachsene Exemplare haben einen Hutdurchmesser von 7 bis 12 cm. Der Stiel ist gleichmäßig dick oder an der Basis etwas verschmälert. Das Fleisch ist weiß und fest.

Frauentäubling

3. Apfeltäubling

Im Nadelwald, an feuchten Stellen, trifft man von Juli bis zum Herbst den Apfeltäubling, der in manchen Gegenden Norddeutschlands in großer Menge in Kieferwäldern wächst. Sein glänzender Hut (8 bis 14 cm breit) ist purpurrot, blutrot oder ziegelrot gefärbt. Die Lamellen sind gelblich bis buttergelb. Der Stiel ist lang und kräftig, zumeist weiß, gelegentlich rötlich überhaucht. – Da dieser Täubling entfernte Ähnlichkeit mit dem ungenießbaren Speitäubling hat und andere scharfe Täublinge vom Anfänger auch nicht klar abgegrenzt werden können, ist die Geschmacksprobe unerläßlich.

Apfeltäubling

Alle roten Täublinge, die nicht scharf oder bitter schmecken, sind genießbar.

4. Speisetäubling

Zumeist in Laubwäldern kann man diesen Pilz von Juni bis Oktober ziemlich häufig antreffen. Sein gewölbter Hut weist einen scharfen Rand auf und ist in der Mitte etwas vertieft. Die Huthaut reicht nicht ganz bis zur Hutkante, was ein wichtiges Erkennungsmerkmal dieses Pilzes darstellt. Stiel und Hut sind festfleischig, doch die Hutfarbe reicht von blaßrötlich über fleischrötlich, violettrötlich zu bräunlich.
Die Lamellen stehen dicht und sind im Alter gelegentlich braunflockig. Durch die Geschmacksprobe kann man auch ihn von ähnlichen scharfen und deshalb ungenießbaren Täublingen abgrenzen.

Zum Abschluß – auch wenn es wiederholt wird – noch einmal der Hinweis, daß die Geschmacksprobe zur allgemeinen Abgrenzung der eßbaren von den ungenießbaren Pilzen nur für Täublinge gilt. Man kann sie also nur anwenden, wenn man die Täublinge sicher von anderen Pilzgattungen unterscheiden kann. Es wäre gefährlicher Leichtsinn, wollte man die Geschmacksprobe bei allen Pilzen anwenden.

Tintlinge

Es gibt sie massenhaft, die beiden großen Tintlinge, den Schopftintling und den Faltentintling, der auch Grauer Tintling oder Körnchentintling genannt wird. Allerdings stellen sie hohe Anforderungen an den Boden. Sie wachsen nur auf fettem oder gedüngtem Boden, vornehmlich in Gärten, auf Hofplätzen, gedüngten Rasenflächen oder Wiesen, auf Schutt- und Abfallplätzen, an Straßenrändern, aber auch im Walde.

Der Faltentintling wächst auch gerne büschelig an Stümpfen und am Grunde alter Bäume. Wo sie auftauchen, sind sie in größerer Menge anzutreffen.

Nur wenige Menschen können sich für den Genuß von Tintlingen erwärmen, doch wer sie einmal probiert hat – natürlich nur die jungen Pilze –, der ist vom Wohlgeschmack des Schopftintlings begeistert und findet auch den Faltentintling nicht schlecht.

Letzterer hat allerdings eine merkwürdige Eigenschaft. Trinkt man gleichzeitig oder in den nächsten 24 Stunden Alkohol, so kommt es je nach der genossenen Menge Alkohol zu einer mehr oder weniger starken Acetaldehydvergiftung, die sich in Kopfschmerzen, Schwindel, Übelkeit, Hitzewallungen und zumeist einem stark gerötetem Gesicht zeigt. Todesfälle sind jedoch nie nachgewiesen worden. Der Faltentintling enthält einen noch unbekannten Wirkstoff, der den Abbau des Alkohols im Organismus auf der Stufe des Acetaldehyds blockiert. Mit Recht kann man daher fragen, warum ein solcher Pilz in dieses Buch mit aufgenommen wurde, da es doch ein Risiko ist, ihn zu essen.

Aber die Antwort lautet: um Klarheit zu schaffen! Als Pilzberater wird man immer wieder gefragt, warum die so häufig und in so großen Mengen vorkommenden Tintlinge nicht genutzt werden. Diese Frage ist berechtigt, denn ohne Alkohol ist auch der Faltentintling völlig harmlos und ein wohlschmeckender Speisepilz. Der Schopftintling hingegen zeigt die beschriebenen Eigenschaften nicht und ist noch wohlschmeckender.

Obgleich er von dem Faltentintling leicht zu unterscheiden ist, wird dennoch geraten, zum Tintlingsgericht und 24 Stunden danach keinen Alkohol zu trinken. Allerdings ist dies nicht einmal der Hauptgrund, warum sich Pilzfreunde so selten an die Tintlinge heranwagen. Diese Pilze sind ihnen deshalb unheimlich, weil sie so schnell vergehen. Tintlinge können über Nacht erscheinen, bis zum Mittag ausgewachsene Pilze sein und am Abend schon „zerfließen“. Zerfließen ist in der Tat der rechte Ausdruck für die Selbstauflösung bei reifen Pilzen. Lamellen und Hut werden zuerst feucht, dann schmierig und schließlich zerfließen sie durch die Sporenfarbe zu einer tintenartigen Flüssigkeit. Es gibt eine Menge Tintlinge bei uns, doch sind sie zumeist unbedeutend und auch recht klein. Etwa 50 Arten kommen vor. Hier sollen aber nur der Schopftintling und der Faltentintling vorgestellt werden.

Schopftintlinge

Faltentintlinge

1. Der Schopftintling wird bis über 20 cm hoch und trägt einen 5 bis 13 cm hohen Hut, dessen Durchmesser 3 bis 6 cm beträgt. In jungem Zustand – und nur dann ist er zu gebrauchen – ist der Hut weißlich und mit abstehenden weißlich-bräunlichen Schuppen besetzt. Die Lamellen sind anfangs weiß, später rosa, braun und schließlich schwarz zerfließend. Das Hut- und Stielfleisch ist anfangs weiß, dann dunkel. Wichtig ist als Erkennungsmerkmal noch der bewegliche Ring am unteren Stielende.

2. Der Faltentintling ist leicht vom Schopftintling zu unterscheiden. Sein Hut ist eiförmig-glockig, etwa 5 bis 8 cm hoch und mißt 3 bis 6 cm im Durchmesser. Oft zeigt er tiefe Furchen (Falten). Seine Farbe ist grau bis grau-bräunlich. Der weiße Stiel ist nahe der Basis ringförmig angeschwollen, was ihn von anderen Tintlingen gut unterscheidet. Seine Höhe beträgt 7 bis 16 cm.

Boviste

Wer erst einmal auf den Geschmack gekommen ist, und die zahlreichen Boviste mit Ausnahme des als schwach giftig eingestuften Kartoffelbovist, als wertvolle Speisepilze anerkennt, wer erst einmal probiert hat, wie gut sie schmecken und wie leicht verdaulich sie sind, der wird manch einen Bovist von seinen Pilzwanderungen mit nach Hause nehmen, ihn liebevoll zubereiten oder ihn in ein anderes Pilzgericht als Füllpilz mit hineinnehmen.

Auch die Boviste verdienen es nicht, von so vielen verschmäht zu werden. Dem Kartoffelbovist als Hartbovist von den anderen Weichbovisten abzutrennen, ist nicht so schwer. Man muß sich nur ein wenig mit ihm befassen. Dann wird man schnell die Scheu vor diesen Pilzen überwinden. Dabei wird es nützlich sein, ein wenig mehr über diese Gruppe von Pilzen zu erfahren, die zu den Bauchpilzen gehören.
Bauchpilze werden sie deshalb genannt, weil sie die Sporen im Innern, also dem Bauch, des allseitig geschlossenen Fruchtkörpers bilden, von wo aus sie auf die verschiedenste Weise nach außen gelangen.
Bei den Stäublingen platzt der reife Fruchtkörper entweder ganz oder nur oben auf und entläßt als schwarzbraunen Staub eine unendlich große Anzahl von Sporen. Dazu gehören die Boviste, aber auch die „wunderlichen“ Erdsterne, die den Pilzsammler immer wieder entzücken, denn bei ihnen reißt zunächst einmal die äußere Hülle in spitze Lappen auseinander, die sich sternförmig zum Boden abbiegen. Das Gewebe dieser Lappen nimmt je nach Feuchtigkeit Wasser auf, oder gibt es wieder ab, wodurch diese Pilze die Form und die Haltung ständig ändern (Wetterstern).
In der Mitte dieser Sterne sitzt dann das Sporenbehältnis, welches bei völliger Reife ebenfalls aufspringt und Sporen verstäubt.

Boviste

Stinkmorchel.

Wohl zu den Bauchpilzen (siehe S. 59), nicht jedoch zu den Stäublingen, sondern zu den Rutenpilzen gehört die Stinkmorchel, die wohl jeder Pilzfreund schon einmal gefunden oder zumindest gerochen hat.
Aus einem rundlichen, weißen Ei – dem „Hexenei" –, das einem Bovist ähnelt, wird die schmierige Sporenmasse an einem Stiel herausgehoben. Der aasartige Geruch lockt Insekten an, die die Sporen verbreiten. Wenn auch sehr selten, so kann man bei uns den Tintenfischpilz finden, der ebenfalls zu den Bauchpilzen zählt. Aus seinem „Hexenei" schickt er armartige Gebilde an die Oberfläche, die die Sporen verbreiten. Und der Vollständigkeit halber sei bemerkt, daß sogar einige Bauchpilze unter der Erde leben und auch dort bleiben. Darin ähneln sie den Trüffeln, die jedoch keine Bauchpilze im wissenschaftlichen Sinne sind, sondern eine eigene Ordnung, die der Trüffelpilze, bilden.

Nach diesem kleinen Abstecher wieder zu den Bovisten. Man unterscheidet zwischen Hartbovisten und Weichbovisten. Zu den Hartbovisten gehört der schwach giftige Kartoffelbovist, den man kennen sollte. Sonst könnte man diese Gruppe nämlich sofort übergehen, um zu den Weichbovisten zu gelangen, die alle in ganz jungem Zustand eßbar sind! Ganz jung bedeutet: Das Innere ist noch weiß und fest. Wenn es sich gelblich-grünlich zu verfärben beginnt, dann

Das sog. Hexenei der Stinkmorchel.

Kartoffelbovist aufgeschnitten.

Kartoffelbovist.

sind die Boviste nicht mehr zu empfehlen. Wer das beherzigt, der fällt schon alleine deswegen nicht mehr auf den Kartoffelbovist herein, weil dieser sehr bald, auch dann, wenn er noch fest ist, kein weißes Inneres mehr aufweist und beim Anschneiden rötlich wird. Sofern der Kartoffelbovist auch nur ein wenig alt ist, färbt sich sein Inneres schiefrig violett. Ein weiteres Kennzeichen für den Kartoffelbovist ist, daß er in der Form und auch in der Farbe der Kartoffel sehr ähnelt. Er ist sehr hart und schwer, im Gegensatz zu den Weichbovisten, und meist etwas flachgedrückt. Seine feldrig-warzig aufgesprungene Außenhaut ist etwa 2 mm dick, graugelblich, leder- oder korkartig.

Auf alle Fälle genügt es, einmal einen Kartoffelbovist genau anzuschauen, um ihn für immer von den eßbaren Weichbovisten unterscheiden zu können.

Er kommt von Juli bis November in Wäldern, auf Heideland, aber auch auf freiem Gelände vor. Sein Geruch ist unangenehm und stechend.

Die Weichboviste – es kommen bei uns etwa 20 Arten vor – sind alle eßbar. Der häufigste unter ihnen ist der Flaschenstäubling (Flaschenbovist), aber auch der Riesenbovist, der Birnenbovist, der Beutelbovist und andere sind anzutreffen. Sie besitzen alle eine doppelte Hüllhaut, die im Gegensatz zum Kartoffelbovist sehr dünn und weich ist. Die äußere Schicht ist oft mit Warzen oder Stacheln besetzt und reißt bald auf, während die innere Schicht dauerhaft und hauchdünn ist. Bei der Reife öffnet sie sich oben oft nur durch ein kleines Loch oder zerfällt im oberen Teil ganz.

Da es nicht ganz einfach ist – für den Anfänger sogar unmöglich – die Weichboviste sicher auseinanderzuhalten, sei hier nur der Flaschenbovist aufgenommen. Es ist auch ganz belanglos für den Pilzsammler, wenn er sie nur in die Gruppe der Weichboviste einzureihen vermag.

Der Flaschenbovist (Flaschenstäubling)

Er ist der häufigste unter den Weichbovisten. In der Form ist er sehr variabel. Das untere Ende (Stiel) ist unfruchtbar, während im Oberteil die Sporen gebildet werden. Ein gutes Kennzeichen für die Verwendbarkeit als Speisepilz (nur jung gut und schmackhaft) ist das knallende, knackende Geräusch, das man vernimmt, wenn man ihn „pflückt“.

Seine Gestalt ist verkehrt flaschenförmig oder auch birnenförmig. Er wird 6 bis 10 cm hoch und 3 bis 5 cm breit. Die Oberfläche ist

Flaschenboviste

anfangs rein weiß und oben mit Warzen oder Stacheln besetzt. Bei der Reife springt er am Kopf mit rundlicher Öffnung auf und zerstäubt seine Sporen. Er kommt in Wäldern und auf Heideland, aber auch in Waldnähe, auf freiem Feld, oder an Wegrändern vor.

□ Und hier noch ein Tip für die Hausfrau:
Boviste soll man nicht waschen. Wenn man sie in Scheiben schneidet und in wenig Fett in der Pfanne braun brät oder röstet, schmecken sie am besten. Geschmort sind sie sehr weich, doch als Zusatz zu anderen Pilzgerichten bewähren sie sich gut. □

Der Stoppelpilz

Um diesen Pilz sollte man sich viel mehr kümmern, denn er steht in jungem Zustand dem Pfifferling geschmacklich nicht nach, wird wie dieser ebenfalls wenig von Maden heimgesucht und ist in seiner Art unverwechselbar. Nur sehr alte Pilze sollte man nicht mehr sammeln, da diese leicht bitter schmecken.
In den Monaten Juni bis November kann man den Stoppelpilz mitunter häufig in Laub- und Mischwäldern finden. Er lebt gesellig, und bildet Bögen oder Hexenringe mit wechselndem Abstand zwischen den einzelnen Pilzen.
An einer solchen Fundstelle hat man schnell sein Sammelkörbchen gefüllt und wer ihn noch nicht gekostet hat, der wird überrascht sein. Es gibt viele Pilzfreunde, die Stoppelpilze den Pfifferlingen vorziehen!

Stoppelpilz.

Das Hauptmerkmal dieses Pilzes, der in jungem Zustand, wenn er gerade den Waldboden durchbricht, bei oberflächlicher Betrachtung für einen Pfifferling gehalten werden kann, sind die Stacheln an der Hutunterseite, die sich leicht abbrechen lassen.
Blaßgelblich, ockergelb oder schwach rötlich ist die Farbe des sehr veränderlichen Hutes, der einen Durchmesser von 6 bis 10 cm aufweist, manchmal sogar erheblich größer wird. Die Stacheln an der Unterseite sind, wie auch das ganze Pilzfleisch, brüchig. Der dicke Stiel kann bis zu 6 cm hoch werden und ist zumeist heller gelb gefärbt als der Hut.
Neben diesem hellgelben Stoppelpilz, der auch Semmel-Stacheling genannt wird, gibt es noch eine sehr ähnliche Art, die kleiner und dünnfleischiger ist und durch ihre rötlichgelbe bis orangerötliche Farbe auffällt.
Es gibt Gegenden, in denen nur diese Art vorkommt. Wegen der rotgelben Farbe nennt man diesen Pilz den Rotgelben Stacheling oder den Rotgelben Stoppelpilz. Im Geschmack steht er dem größeren Bruder nicht nach.

N. B.:
□ Der Habichts-Stacheling (siehe Seite 37), ebenfalls eßbar, ist größer, braun und oben auf dem Hut mit großen, kreisförmig angeordneten, abstehenden Schuppen versehen. Dieser Pilz ist ein beliebter Würzpilz, der Mischpilzgerichte besonders schmackhaft macht. Er läßt sich leicht trocknen und sein Pulver ergibt ein angenehmes Saucen-Gewürz. □

Stockschwämmchen.

Das Stockschwämmchen

Es gibt eine Menge Pilze, die an Baumstümpfen wachsen, und es stimmt auch, daß sie sich bei oberflächlicher Betrachtung oft recht ähnlich sind. Nicht alle sind gut und bekömmlich, aber auch keiner von ihnen ist gefährlich giftig. Dennoch ist festzustellen, daß sich nur wenige Pilzsammler an diese Pilze heranwagen und sich nicht die Mühe machen, wenigstens einen dieser Holzbewohner richtig kennenzulernen.

Das Stockschwämmchen verdient es, denn es zählt zu den ausgezeichneten, würzig-aromatischen Speisepilzen, die ganz für sich alleine oder zusammen mit anderen Pilzen sehr gut schmecken. Stockschwämmchen sind überall häufig. Sie wachsen büschelig an Stümpfen von Laubbäumen verschiedenster Art, seltener auch an Nadelholzstümpfen. 3 bis 6 cm breit wird der zuerst halbkugelig gewölbte Hut, an dessen Unterseite anfangs blaßbräunliche, später rostbraune Lamellen stehen, die rostbraune Sporen ausstreuen, mit denen die unteren Pilze eines Büschels oftmals bepudert sind. Der fettig glänzende Hut ist von honiggelber bis gelbbräunlicher Farbe und besitzt eine durchwässerte, dunklere Randzone. Der Stiel wird 5 bis 7 cm hoch, ist ziemlich dünn und nicht selten verbogen. Er trägt einen oberseits braun gefärbten Ring und ist im unteren Teil dunkler gefärbt als oben, wo er bräunlich schuppig aussieht.

Mit dem Halimasch, den Schwefelköpfen, den Flämmlingen, den Schüpplingen oder wie sie auch alle heißen mögen die vielen Pilzarten, die an altem Holz vorkommen, kann man das Stockschwämmchen nicht verwechseln, wenn man auf folgende Merkmale achtet:

1. Der Stiel ist braunschuppig und hat einen Ring.
2. Die blaßbraunen Lamellen bilden rostbraunen Sporenstaub aus.
3. Der Geruch ist angenehm und würzig – für diesen Pilz typisch.

P. S. Stockschwämmchen lassen sich gut trocknen und das daraus bereitete Pilzmehl ist eine gute Würze für andere Pilzgerichte.

Man kann möglicherweise den Vorwurf erheben, daß in diesem Buch sehr viele Pilze unbeachtet geblieben sind, wertvolle Speisepilze unterschlagen wurden. Man kann die Unvollständigkeit rügen, doch das hätte die Klarheit und die versprochene Sicherheit gefährdet.
Die vielen Ritterlinge, die Streiflinge, die Trichterlinge und wie sie alle heißen mögen, bieten für den Anfänger – ja selbst für den Fortgeschrittenen unter den Pilzsammlern – zuviel Verwirrendes.
Es erschien uns klüger, darauf zu verzichten, denn was an Pilzen vorgestellt wurde, reicht aus, um Freude am Pilzsammeln zu haben und reicht auch aus, um genügend Ausbeute heimzutragen, damit ein wohlschmeckendes Pilzgericht den Sammeltag krönt.

IV. Gefährliche Giftpilze

Pilzvergiftungen können tödlich sein

Es bleibt daher niemandem erspart, will er sich nicht den Vorwurf machen lassen, fahrlässig und leichtsinnig zu sein, die Pilze, die er sammeln und essen möchte, genauestens kennenzulernen. Das leuchtet zunächst jedermann ein und viele Pilzfreunde bemühen sich, dieser Forderung nachzukommen. Bald aber verläßt sie die Geduld. Es gibt zu viele Pilze, und so viele sehen sich ähnlich.
Und dann beginnt vielfach der Leichtsinn. Es wird nach einem allgemeingültigen Rezept zur Unterscheidung der Giftpilze von den Speisepilzen gesucht. Ein solcher Unsinn wird von Freunden und Bekannten bereitwillig erzählt, denn trotz aller Bemühungen sind die Märchen von den silbernen Löffeln, die man nur mitzukochen brauche, weil sie durch Schwärzung Giftpilze anzeigen; oder die Zwiebeln, die sich dunkel färben, wenn Giftpilze im Gericht sind, nicht auszurotten. Auch die Behauptung, das ursprünglich helle Pilzfleisch färbe sich beim Kochen blau, rot oder violett und grün, wenn Giftpilze dabei seien, ist ein lebensgefährlicher Unsinn. Geruch und Geschmack sind ebenfalls unzuverlässig, denn Knollenblätterpilze, die tödliche Vergiftungen hervorrufen, schmecken gut und riechen nicht abstoßend.

Es gibt kein Patentrezept zum Erkennen von Giftpilzen!

Oft hört man auch die Mär, daß Pilze, die von Käfern oder Schnekken angefressen sind, bestimmt genießbar seien, denn sonst würden die Tiere diese Pilze meiden. Auch das ist falsch und das Foto beweist diesen Irrtum eindeutig.

Schnecken oder Käfer fressen oft Pilze, die uns den Tod bringen!

Es bleibt also wirklich kein anderer Weg, als die Pilze, die man sammeln will, genau kennenzulernen. Wer die Kapitel II und III dieses Buches durchgearbeitet hat, der kennt schon einige, und der

Den Schnecken macht die Gefährlichkeit des Fliegenpilzes nichts aus.

ist auch schon mehrfach vor giftigen oder ungenießbaren Pilzen gewarnt worden.
In diesem Kapitel geht es nun darum, die gefährlichen Giftpilze vorzustellen, denn deren Kenntnis erhöht die Sicherheit beim Pilzesammeln noch erheblich.
Es fällt nicht ganz leicht, hier die Auswahl zu treffen. Was ist gefährlich, was harmlos, wenn es um Vergiftungen geht?
Da aber in diesem Buch immer da, wo auch nur die Möglichkeit besteht, einen Speisepilz mit einem giftigen zu verwechseln, deutlich darauf hingewiesen wurde, sollen hier nur diejenigen Pilze besprochen werden, die wirklich zu fürchten sind, da sie tödliche oder schwerste Vergiftungen hervorrufen. Sie sollte jeder Sammler kennen. Die gewählte Reihenfolge entspricht etwa der Gefährlichkeit der Pilze. Alle Hinweise sind sehr ernst zu nehmen, um beim Genuß von Pilzen die Gesundheit nicht aufs Spiel zu setzen.

Die Knollenblätterpilze

Sie sind zwar alle überaus giftig, doch der Grüne Knollenblätterpilz ist für mehr als 90 % aller tödlich verlaufenden Pilzvergiftungen verantwortlich zu machen. Knollenblätterpilze sind nicht zuletzt deswegen so gefährlich, weil die Vergiftungserscheinungen (Beschwer-

den) erst dann auftreten, wenn schon alle oder fast alle Giftstoffe vom Körper aufgenommen worden sind und ihr Zerstörungswerk in der Leber begonnen haben. Dennoch ist im Rahmen der Ersten Hilfe Magen- und Darmentleerung unbedingt anzuraten. Wenn auch die Giftstoffe in ihrer chemischen Zusammensetzung erforscht sind, so gibt es bisher noch kein befriedigend wirkendes Gegenmittel.
Frühestens 6 bis 12 Stunden nach der Pilzmahlzeit, gelegentlich sogar erst 36 Stunden danach, beginnen die Beschwerden, die sich in plötzlich einsetzenden Brechdurchfällen, mit reiswasserähnlichen, also sehr dünnen, hell-wässrigen Stühlen, kolikartigen Leibschmerzen, heftigen Wadenkrämpfen sowie Herz- und Kreislaufstörungen äußern. Die Amanitatoxine und Phalloidine – so nennen die Wissenschaftler die Giftstoffe der Knollenblätterpilze – greifen vornehmlich die Leber an, die fettig degeneriert und ganz zerstört wird. Selbst der, der eine Knollenblätterpilzvergiftung übersteht, bleibt noch lange lebergeschädigt. Schon eine ganz kleine Menge von dem grünen Knollenblätterpilz ist ausreichend, und ein einziger Pilz im Pilzgericht kann eine ganze Familie töten. Schon beim Anfassen mit feuchten Händen ist Vorsicht geboten.
Es lohnt sich also, ein wenig Zeit zu investieren, um die Knollenblätterpilze kennenzulernen. Um es so sicher wie möglich zu machen, wird ein wenig weiter ausgeholt. Knollenblätterpilze gehören zu den Wulstlingen. Das sind Pilze, die eine knollig verdickte Stielbasis besitzen, die in einer freien, anliegenden, glatten oder zerfetzten Scheide steckt, oder mit Flockenschuppen besetzt ist. Der Stiel trägt oben eine Manschette, die glatt oder streifig gerieft sein kann.
Sie wachsen im Wald oder unter Bäumen am Waldrand, nicht jedoch auf Wiesen oder baumlosem Feld. Die Lamellen sind alle weiß (gelegentlich gelblich) und nicht am Stiel angewachsen. Der Stiel ist leicht vom Hut zu trennen. Der Hut ist (wie beim Fliegenpilz) oftmals mit weißen Flocken besetzt, die sich aber leicht abwischen lassen oder beim Herauswachsen aus dem Bodenlaub abgestreift werden. Außer den Knollenblätterpilzen gehören der Fliegenpilz und der Pantherpilz, die beide sehr giftig sind und noch etliche verdächtige Pilze in diese Gruppe, doch auch einige Speisepilze (z. B. der Perlpilz und der Graue Wulstling).

Der Anfänger meide aber alle Wulstlinge, bis er ganz sicher ist, die giftigen von den eßbaren unterscheiden zu können.

Für denjenigen, der soweit vorgedrungen ist, sieht die Sache nun schon viel einfacher aus. Wer die Wulstlinge in ihrer Gesamtheit von

anderen Lamellenpilzen sicher abzugrenzen weiß, der wird die Champignons im Walde nicht mehr mit den Knollenblätterpilzen verwechseln, denn Champignons haben niemals eine Scheide, keine knollig verdickte Stielbasis und niemals weiße Lamellen.
Auch die grünen Täublinge im Wald, die niemals eine Manschette und niemals eine Scheide besitzen, sind klar erkennbar, und wer jeden Lamellenpilz im Wald oder unter Bäumen gewissenhaft untersucht und auf diese Kennzeichen prüft, der geht sicher!
Aber die Knollenblätterpilze bieten uns noch einen kleinen Vorteil für ihre Erkennung an. Sie sind im Aussehen und der Hutfarbe einigermaßen konstant, was man nicht von allen Pilzen sagen kann.
Die Abbildungen und Fotos sind daher eine große Hilfe. Auch der feuchte, mitunter klebrige Hut kann der Erkennung dienen. Es sind drei Arten, die man sich merken muß: den Grünen Knollenblätterpilz, den Frühlingsknollenblätterpilz und den Weißen oder Kegeligen Knollenblätterpilz.

Hier ihre Steckbriefe:

Grüner Knollenblätterpilz

Als ganz junger Pilz ist der Hut in der weißen Hülle eiförmig. Später ist seine Form glockig gewölbt, bis er sich mehr oder weniger

Der gefährliche Grüne Knollenblätterpilz hat reinweiße Lamellen. (siehe auch Abb. auf Seite 23)

flach ausbreitet. Der Durchmesser beträgt 6 bis 12 cm. Die Färbung des Hutes ist olivgrün (mal heller, mal dunkler) mit dunkleren Faserstrichen. Gelegentlich ist die Hutfarbe so hell, daß man sie weißlich nennen muß. Weiße Flocken (Hüllreste) sind selten. Bei feuchter Witterung ist die Huthaut klebrig, ganz trocken ist sie nie. Die Lamellen sind reinweiß! (Abgrenzung zu den Champignons.) Der schlanke, weißliche Stiel wird 7 bis 12 cm hoch, trägt eine große, herabhängende Manschette und ist zackig, blaßgrünlich quergebändert. Die knollige Stielbasis sitzt in einer zerrissenen Scheide. Das frische Pilzfleisch riecht angenehm nach Honig, etwas süßlich vielleicht, auf keinen Fall aber abstoßend. Der Geschmack – das berichteten die „Davongekommenen", bitte auf keinen Fall probieren! – ist mild und angenehm.
In der Zeit von Juli bis Oktober findet man den Grünen Knollenblätterpilz recht häufig in Laubwäldern, besonders gerne unter Eichen, einzeln oder in Gruppen.

Weißer oder Kegeliger Knollenblätterpilz

Er unterscheidet sich wesentlich von der vorigen Art. Nicht nur die Farbe, sondern die ganze Gestalt ist anders. Sein Hut, zuerst eiförmig, dann spitz kegelförmig und schließlich gewölbt, ist bei Trokkenheit glänzend, ohne Schuppen und bei feuchtem Wetter schmierig bis klebrig. Jung ist die Hutfarbe reinweiß, später ein wenig gelblich. Auch seine Lamellen sind reinweiß. Der Hutdurchmesser be-

Dieser Knollenblätterpilz wird oft mit Champignons verwechselt, doch Champignons haben nie weiße Lamellen

trägt 5 bis 10 cm, sein Stiel ist verhältnismäßig lang, schlank und an der Oberfläche rissig und faserig. Er erreicht eine Höhe von 7 bis 16 cm. Die hängende Manschette sitzt sehr hoch, ist weiß und oft zerfetzt. Manchmal ist sie sogar am Hutrand oder an den Lamellen hängengeblieben. Die Stielknolle sitzt in einer dünnen, häutigen, anliegenden Scheide. Das Fleisch ist weiß und unauffällig im Geruch. Fichtenwälder sind die Lieblingsplätze dieses Giftpilzes, doch verschmäht er auch die Buchen nicht. Seine Zeit sind die Monate Juli bis August.

Der Frühlingsknollenblätterpilz

Er unterscheidet sich von dem Weißen Knollenblätterpilz durch einen glatteren Stiel, die dickwandigere Manschette, in der die kugelige Stielbasis steckt. Die übrigen Merkmale sind die des weißen Verwandten. Man glaubt auch, daß es sich nur um eine Abart von diesem handelt. Nur der Hut ist häufiger flachgewölbt bis ganz flach ausgebreitet.

Zwei weitere giftige Wulstlinge und der Ziegelrote Rißpilz

(siehe Abb. auf Seite 75/77).

Wie schon angedeutet, gibt es noch zwei weitere gefährlich giftige Wulstlinge, nämlich den Pantherpilz und den Fliegenpilz. Sie gehören zu den Giftpilzen der sogenannten „Muscaringruppe". Obwohl man heute weiß, daß Muscarin nicht der einzige und möglicherweise nicht einmal der wirksamste Giftstoff dieser Pilze ist, hält man diese gewohnte Einteilung aufrecht. Das Wort „Muscarin" wählte man, weil man dieses Gift im Fliegenpilz (Amanita muscaria) zuerst aufdeckte.
Gottlob zeigen sich die Vergiftungserscheinungen durch Pilze dieser Gruppe viel früher an, so daß hier durch schnelles Handeln Hilfe weit aussichtsreicher ist. Schon 10 bis 45 Minuten nach der Pilzmahlzeit setzen Schweißausbruch, Tränen- und Speichelfluß, Übelkeit und Leibschmerzen ein, die oftmals auch von rauschähnlichen Zuständen begleitet sein können (Lachen, Schreien, Toben). Es gilt als erste Gegenmaßnahme Erbrechen einzuleiten und auch den Darm zu entleeren. Dann ist sofort der Arzt zu rufen.
Doch weit gefährlicher als die beiden Wulstlinge ist ein anderer Pilz dieser Gruppe, der Ziegelrote Rißpilz. Er gehört nicht zu den

Ziegelroter Rißpilz.

Pantherpilz.

Riesenrötling.

Frühjahrslorchel.

Wulstlingen und soll je nach Standort etwa 100 bis 300 mal mehr Giftstoffe enthalten als der Fliegenpilz. Ihn sollte man sich daher ganz besonders gut einprägen!

Der Ziegelrote Rißpilz

Er wächst vornehmlich am Waldrand, in lichten Laubwäldern, Parks und Gärten, aber auch am Wegrand im Gras. Seine Zeit sind die Monate Mai, Juni und auch noch der Juli. Da die vielen Rißpilze alle für den Genuß nicht sonderlich geeignet sind, sollte man alle Rißpilze meiden, um die Gefahr einer Vergiftung auszuschließen. Unser Ziegelroter Rißpilz hat einen 4 bis 8 cm breiten Hut, der erst kegelförmig bis glockig, später ausgebreitet einen kegeligen Buckel besitzt. Bei älteren Pilzen ist der Hut verbogen und am Rande mehr oder weniger eingerissen. Diese Rißstellen zeigen oft schon die typische ziegelrote Farbe, auf die es immer zu achten gilt! Die ziegelrote Farbe findet man auch am sonst weißen Stiel und am weißen Pilzfleisch, wenn es gedrückt oder verletzt wird.
In jungem Zustand ist die Hutfarbe weiß, wird später gelblich oder gar bräunlich und zeigt auch ziegelroten Anflug. Die Lamellen sind anfangs weißgrau, später schmutzig bräunlich. Sein Stiel wird 4 bis 9 cm hoch, ist faserig und weiß.
Für den Anfänger ist es also in der Hauptsache die ziegelrote Farbe, an die er sich halten kann, die mit größter Sicherheit an Druckstellen sichtbar wird. Aber auch seine Form (siehe Abbildung S. 75) ist irgendwie typisch, wenn auch nicht für unseren Pilz alleine, so doch für viele Rißpilze, die alle zu meiden sind. Aber es darf nicht unterschlagen werden, daß der Pilz in ganz jungem Zustand sehr gedrungen wirkt, und rein weiß aussieht, weshalb er immer wieder einmal mit Champignons verwechselt wird. Aber auch mit dem Mairitterling, mit dem er gelegentlich zusammen vorkommt, kann er verwechselt werden. Gründlichkeit bei der Suche nach verdächtigen Merkmalen ist daher oberstes Gebot!

Der Fliegenpilz

Ihn zu beschreiben, kann ich mir wohl ersparen, denn diesen „Märchen-Pilz“ kennt jeder. Allerdings sind hier einige Zusatzbemerkungen notwendig. Es gibt von diesem Pilz Abarten, die nicht rote, sondern gelbe und braune Hüte haben, und es wachsen Fliegenpilze, deren Hutschuppen alle abgewischt oder abgewaschen sind,

Fliegenpilz

sodaß sie deshalb gelegentlich verkannt und für rote Täublinge gehalten werden. Für den Anfänger gilt deshalb, alle Pilze zu meiden, die wie ein Fliegenpilz aussehen, auch wenn sie keine weißen Hutflocken besitzen, oder gar gelbe oder braune Hüte tragen.

Der Pantherpilz

(siehe Abb. auf Seite 75).

Wer sich an die Empfehlung hält, alle Wulstlinge zu meiden (siehe Seite 71), wird nicht in die Gefahr geraten, einen Pantherpilz zu verspeisen. Er weist alle typischen Merkmale eines Wulstlings auf. Sein Revier ist der Wald (Laub- und Nadelwald) und seine Zeit sind die Sommer- und Herbstmonate.
In der Jugend ist der Hut, der später 5 bis 11 cm breit wird, halbkugelig gewölbt, dann breitet er sich flach aus und ist in der Mitte eingedrückt. Die Hutfarbe ist graubraun bis dunkler braun, aber auch blaßbräunlich. Zumeist befinden sich weiße Flockenschuppen auf dem Hut – Hüllreste, die kreisförmig angeordnet sind. Lamellen und Stiel sind weiß, die Manschette glatt. Die kugelige bis ovale Stielbasis steckt in einer anliegenden Scheide, die vom Stiel scharf abgesetzt ist, aber unten oft ein- bis zweihäutige Gürtel beläßt. Das ganze Pilzfleisch ist weiß und riecht nach Kartoffeln oder ein wenig nach Rettich.

Zwei seltenere Giftpilze

Ihre Giftstoffe sind noch nicht aufgeklärt, doch man weiß um ihre Giftigkeit. Es handelt sich erstens um den bei uns sehr seltenen Orangefuchsigen Hautkopf, der in Polen in größerer Menge vorkommt und dort nicht selten zu Vergiftungen Anlaß gibt, die sich interessanterweise erst nach zwei Wochen zeigen und die Nieren schädigen. Leider gibt es von diesem Pilz in unserer Literatur nur oberflächliche Beschreibungen, die nicht viel mehr als seine Zugehörigkeit zu den Schleierlingen sicherstellen; und Fotos sind auch keine aufzutreiben, weil er wirklich selten ist.

Da die Schleierlinge keine brauchbaren Speisepilze liefern, ist es ratsam, sie allesamt zu meiden, obgleich die anderen wohl nicht giftig sind.

Schleierlinge erkennt man an den rostbraunen Sporen und besonders an den Schleierfäden zwischen Hutrand und Stiel, die bei allen jungen Exemplaren auffallen und an ein Spinnennetz erinnern. Bei älteren Exemplaren reißen sie zwar meist ab, bleiben aber dennoch einige Zeit als fädige Reste am Hutrand oder am Stiel hängen.
Der zweite Vertreter ist der Riesenrötling, der zwar auch nicht sehr häufig ist, doch bei uns zu Verwechslungen mit den Ritterlingen führt. Durch die Magen-Darm- und Verdauungsstörungen heftigster Art, die er hervorruft, muß er als gefährlicher Giftpilz angesehen werden.

Riesenrötling

(siehe Abb. auf Seite 75).

Er ist ein großer stattlicher Pilz mit einem 7 bis 12, ja sogar bis 17 cm breit werdenden Hut von hell-graulich-gelblicher Farbe. Der Hut sitzt auf einem 5 bis 12 cm hohen, kräftigen Stiel. Die Lamellen sind blaßgelb bis rosarötlich, stehen entfernt und sind am Stiel eingebuchtet angewachsen. Er kommt gerne auf Lehmboden unter Buchen und Eichen vor, wächst aber auch in Parks und an Wegrändern. Wenn nicht der ganz junge Pilz gelegentlich nach Mehl riechen würde, so könnte man sicher sein, daß der widerliche Geruch ausreichen würde, die Sammler zu warnen, aber den bemerkt man erst bei älteren Exemplaren.

Weitere Hinweise

Über die merkwürdige Wirkung des Faltentintlings wurde schon auf Seite 60 berichtet. An dieser Stelle soll noch ein wenig über andere Merkwürdigkeiten berichtet werden.
In vielen Pilzbüchern werden eßbare Pilze vorgestellt, die – so heißt es dort – vorher abgekocht werden müssen, um genießbar zu sein. Man mag darüber denken, wie man will, wir warnen vor dem Genuß dieser Pilze, weil wir keine Notwendigkeit sehen, auch noch diese Pilze zu essen, wo es genügend andere gibt.

Zu diesen gehört die giftige **Frühjahrslorchel** (siehe Abb. auf Seite 75), die als Delikatesse gilt, wenn man sie zuvor abkocht und das Kochwasser wegschüttet. Dennoch vergiften sich immer wieder Menschen schwerstens an der Lorchel, obwohl sie sie vorbehandelt haben. Hunderte sind im Laufe der Jahre schon daran gestorben. Ist eine „Delikatesse" diesen Preis wert? Für uns ist die Lorchel ein gefährlicher Giftpilz. Die Vergiftungserscheinungen ähneln denen, die nach dem Genuß von Knollenblätterpilzen auftreten. Auch hier vergehen viele Stunden, bis man es bemerkt.

Morcheln hingegen sind trotz der engen Verwandtschaft mit den Lorcheln hervorragende Speisepilze, die sich auch gut trocknen lassen.

Spitzmorchel und Speisemorchel.

Den Kahlen Krempling sollte man nicht essen

Sehr problematisch, oder deutlicher gesagt: gefährlich giftig ist der **Kahle Krempling.** Trotz aller Warnung wird er immer wieder gesammelt, weil er stattlich aussieht und nicht selten ist. Er verliert auch abgekocht seine Giftigkeit nicht. Man kann ihn mehrmals ohne Schaden essen, doch eines Tages „ist das Maß voll", und man vergiftet sich schwer. Die Wissenschaftler erklären das so: Im Körper bildet sich nach dem Genuß dieses Pilzes ein Abwehrstoff (Antistoff), der nicht abgebaut, sondern nach jedem Gericht ergänzt und vermehrt gespeichert wird. Irgendwann kommt es dann zu Vergiftungen durch die eigenen Antistoffe, die sogar zum Tode führen können.

Nun gibt es viele Pilze, die zwar nicht giftig sind, doch roh nicht vertragen werden. Wer sich also den Pilzgenuß nicht durch Magendrücken oder Leibschmerzen verderben will, der mache sich zur Gewohnheit, Pilze niemals roh zu verspeisen. Eine Brat- oder Kochzeit von 20 Minuten ist in jedem Fall voll ausreichend. Zumeist genügen schon 10 Minuten. Salate aus Pilzen sind eine Delikatesse, doch auch hier gilt der Grundsatz: **Niemals roh!**

Das war das Wichtigste über die gefährlichen Giftpilze, und wer sich danach richtet, wer alle Hinweise genau beachtet, der kann unbesorgt auf Pilzsuche gehen. Natürlich wurden in diesem Kapitel nicht alle die erfaßt, die schwach giftig sind oder als ungenießbar bezeichnet werden müssen. Das wäre gar nicht möglich. Aber in den vorhergegangenen Kapiteln wurde bei der Vorstellung der Speisepilze immer auf Verwechslungen mit solchen Pilzen hinge-

wiesen oder der beschriebene Pilz so eindeutig charakterisiert, daß nichts passieren kann.
Wer in diesem Kapitel den Satanspilz vermißt, dem sei gesagt, daß er bereits bei den Röhrlingen durch die Empfehlung:

alle dickstieligen Röhrlinge mit graulich-blassem Hut zu meiden,

sicher ausgeschieden wurde.

Wichtige Empfehlungen für Ihre Sicherheit und Gesundheit:

1. **Nur Pilze sammeln, die man sicher kennt.**
2. **Keine Pilze essen, die lt. Angaben in älterer Literatur nur nach Vorbehandlung genießbar sind.**
3. **Pilze nie roh essen, denn auch Speisepilze werden roh mitunter nicht vertragen.**
4. **Keine überalterten Pilze essen.**
5. **Vorsicht bei Pilzen, die man geschenkt bekommt. Nur wenn man sie selber kennt, kann man sie unbesorgt essen.**
6. **Sichere Auskunft über Pilze erteilen die Pilzberatungsstellen, die es in jeder Stadt gibt.**

Beeren

(Wildfrüchte)

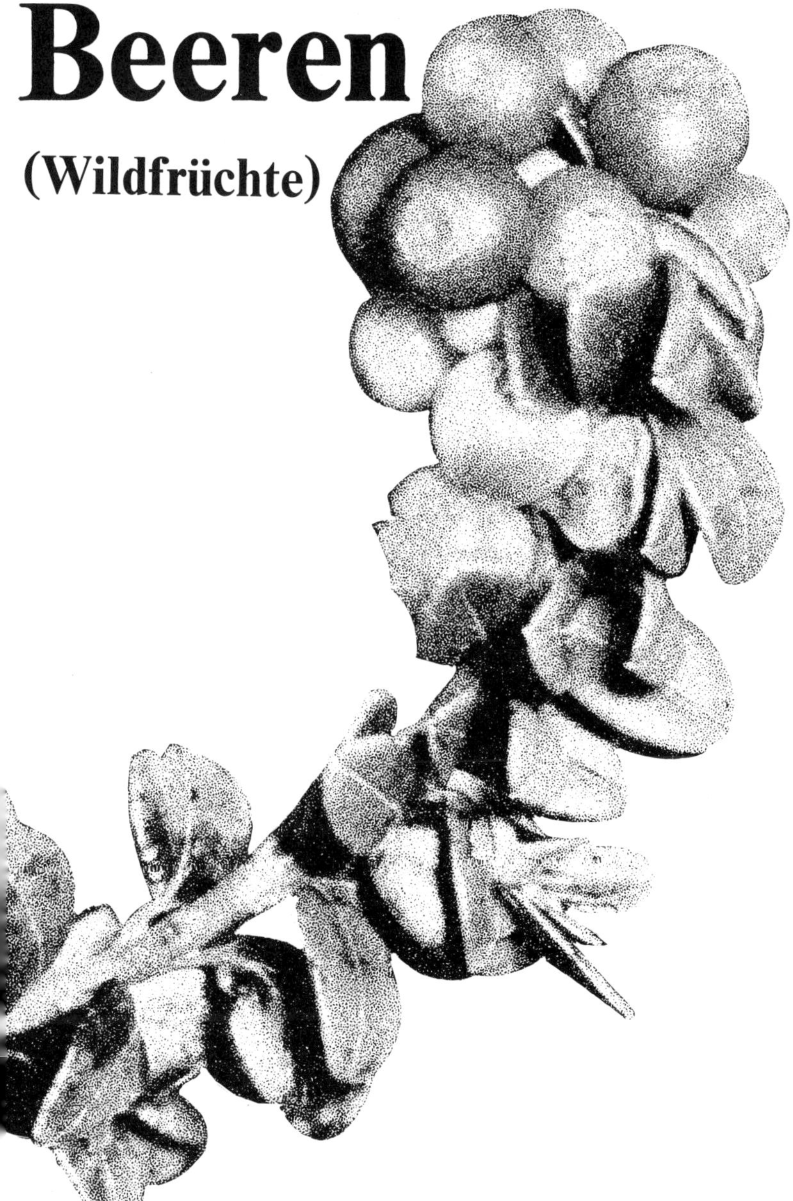

Wildfrüchte sind gesund

„Trotz des ausgezeichneten Behanges bei Himbeeren war der Ertrag der Ernte ausgesprochen schlecht. Die Hauptursache dürfte der Sammlermangel gewesen sein. Nur etwa 10 % der heimischen Ernte wurden eingebracht.“ *

Aber nicht nur bei Himbeeren wird beklagt, daß zuviel ungeerntet bleibt. Bei Heidelbeeren waren es 50 %, und das Interesse an Brombeeren ist ebenfalls nur gering. Es ist zweifellos der Wohlstand in unserem Lande, der die Menschen, die Beeren sammeln, um sich ein wenig Geld dadurch zu verdienen, aussterben läßt. Wo aber bleiben die Wanderer und Naturfreunde, die um der Gesundheit willen oder um der Freude willen unsere Wälder durchstreifen? Gehen sie achtlos an diesen Köstlichkeiten vorbei, weil sie es verlernt haben, zu verweilen? Sind sie zu träge, um die Beeren zu ernten? Kaufen sie sie lieber auf dem Wochenmarkt? Oder kennen sie sie nicht? Aus diesem Grunde sollen hier die wichtigsten Beeren und Wildfrüchte vorgestellt, ihre Fundstellen aufgezeigt und viel Wissenswertes und Interessantes über sie berichtet werden, um das Interesse an ihnen neu zu erwecken.

Ihnen, verehrter Leser und Naturfreund, sollen dabei auch die Augen für die Schönheiten der Natur weit geöffnet, Ihnen sollen Entdeckerfreuden beschert werden. Sie sollen die vollreifen, unvergleichlich aromatischen Wildfrüchte kosten, und Ihre Nase wird mit den bezaubernden Düften erfreut, die reife Beeren ausströmen. Es wird Ihnen daher nicht gleich geraten (das mögen Sie später tun), sich mit Körben und Eimern auszurüsten, um zum Beerensammeln auszuziehen; vielmehr wird darauf hingewiesen, bei Ihren Spaziergängen und Wanderungen durch die Wälder, über die Hügel und entlang der Bäche an den Himbeer- und Brombeersträuchern, an den Heidelbeer-, Preiselbeer- oder Erdbeerbeständen zu verweilen, um diese Kostbarkeiten zu pflücken und an Ort und Stelle zu probieren. Wer es noch nicht versucht hat, der wird überrascht sein, welch ein Unterschied zu den kultivierten Beeren alleine im Geschmack liegt. Auch der Duft vollreifer Wildfrüchte ist unerreicht.

* Dr. W. Bötticher und H. J. Schöne in „Die industrielle Obst- und Gemüseverwertung 1973“

Darüber hinaus sollen Sie für die weniger bekannten Wildfrüchte interessiert werden, für die Hagebutten, die Schlehen, die Sanddornbeeren, die Holunderbeeren und die Vogelbeeren, um nur einige zu nennen. Es lohnt sich, sie kennenzulernen.
Wildfrüchte zu essen, Säfte oder Marmeladen, Gelee oder Mus daraus zu bereiten kann nicht eindringlich genug empfohlen werden, denn sie sind gesund! Das ist nicht nur eine leere Phrase, das ist – wenn Sie so wollen – eine beweisbare, wissenschaftliche Aussage. Fruchtsäuren, Zucker, Vitamine und die vielen Mineralstoffe, die die Wildfrüchte enthalten, sind lebensnotwendige Stoffe für uns alle.
Wildfrüchte selber zu sammeln oder zu suchen ist zusätzlich gesund. Sie atmen dabei die frische Waldluft, Sie wandern und bewegen sich, Sie trainieren Ihre Muskeln, Ihren Kreislauf, Ihr Herz, denn Sie müssen sich bücken oder strecken. Vor allen Dingen aber erleben Sie so ganz nebenbei sehr viel Schönes, Sie hören den Vögeln zu, oder dem Wind, der durch die Bäume streicht, dem Wildbach oder dem klopfenden Specht, Sie vergessen die Alltagshetze und entspannen sich. – Lohnt sich das nicht?

I. Eßbare Beeren (Wildfrüchte)

A Frisch besonders köstlich

Die Walderdbeere (Fragaria vesca L.)

Walderdbeeren findet man bei uns zwar sehr häufig und wohl überall in der Bundesrepublik, doch selten in größeren Mengen an ein und demselben Platz. Wer diese besondere Köstlichkeit unter den Beeren des Waldes genießen will, der muß sich den Genuß wirklich erst verdienen und darf die Ausbeute als Belohnung für seine Mühe ansehen.
Wer den wundervollen Duft und den besonderen Geschmack vollreifer Walderdbeeren kennt, der weiß, warum sie an den Anfang dieses Kapitels gesetzt wurden. Keine Kulturform kommt ihr gleich, so sehr man sich auch darum bemüht. Aber Walderdbeeren schmekken nicht nur gut, sie sind auch überaus gesund. Die Beeren enthalten erfrischende Fruchtsäuren, wertvolle Mineralstoffe und vor allen Dingen besonders viel Vitamin C. Der Gehalt an diesem so wichtigen Vitamin kommt dem der Zitrone oder Orange sehr nahe. Walderdbeertage sind Heiltage mit günstigem Einfluß auf die Funktion vieler innerer Organe. Das wußte man schon im Altertum und die moderne Wissenschaft wagt nicht zu widersprechen.
Leider gibt es Menschen, die Erdbeeren ganz allgemein nicht vertragen. Diese müssen notgedrungen auch auf Walderdbeeren verzichten. Die jungen Blätter der Walderdbeere, die noch nicht so viel Gerbstoff besitzen, sind ein beliebter Bestandteil wohlschmeckender Haustees. Sebastian Kneipp rühmte eine Mischung mit Waldmeister als Getränk für Kinder, besonders solcher, die überreizt und nervös sind. Auch in Blutreinigungstees und Nerventees sollen sich Erdbeerblätter bewähren. Die Homöopathie stellt aus frischen Walderdbeeren eine Tinktur her, die Verdauungsschwäche und Nesselsucht heilen oder zumindest günstig beeinflussen soll. Interessantes erfährt man, wenn man sich ein wenig mit der Bedeutung der Erdbeere im Volksglauben beschäftigt: Erdbeeren, die den Kindern beim Sammeln aus den Fingern gleiten, dürfen nicht mehr aufgesammelt werden, da sie den Seelen der Verstorbenen gehören. Eine Mutter, deren Kind vor dem Johannistag verstorben ist, darf vor

Walderdbeeren

Johanni niemals mehr Erdbeeren essen, weil ihr Kind sonst im Himmel nicht mit dem Heiligen Johannes „in die Erdbeeren“ gehen darf. Nach dem Volksglauben sind Erdbeeren nur für Männer besonders gesund. Daß sie nicht sättigen, liegt daran, daß ein Beerenweib, als es einmal dem Heiland begegnete, auf dessen Frage, was sie in ihrem Korb habe, geantwortet hätte, der Korb sei leer. Auch hatten die Alten eine eigene Erklärung dafür, daß manche Menschen nach dem Genuß von Erdbeeren einen Nesselausschlag bekommen. Schlangen oder Spinnen hätten diese Erdbeeren vergiftet, meinten sie.
Wo kann nun der Wanderer Erdbeeren finden, welchen Weg soll er einschlagen? Sie wachsen an Wegböschungen, auf oder am Rande von Waldwegen, auf Holzschlägen und auf sonnigen Lichtungen. Sie sind in der Ebene bis hinauf an die Waldgrenze der Berge zu finden. Ihre Zeit sind die Monate Juni und Juli, was aber nicht bedeutet, daß man danach keine Walderdbeeren mehr findet.
Leider sind ausgedehnte Flächenbestände, wie das bei Heidelbeeren der Fall ist, sehr selten.

Die Himbeere (Rubus idaeus L.)

Früher war es der Himbeersaft, der bei fieberhaften Erkrankungen den Patienten zur Erfrischung und gegen den Durst gereicht wurde.

Die Apotheker verbesserten damit ihre „bittere Arznei“ und die Hausfrau hielt ihn stets vorrätig und bereitete Himbeersaft zumeist nach eigenen Rezepten. An Sonn- und Feiertagen gab es Vanillepudding mit Himbeersauce.
Es wurden sehr viele Himbeeren gesammelt und vor allen Dingen zu Saft, Marmelade und Gelee verarbeitet. Heute steht der Himbeersaft wohl nicht mehr an der Spitze der Fruchtsaftgetränke. Säfte aus Orangen und anderen Citrusfrüchten haben ihn von diesem Platz verdrängt. Das ist schade, denn Himbeeren, die in so reichem Maße überall in Deutschland, besonders im Bayerischen Wald, in der Eifel und in der Rhön vorkommen, sind reich an Vitaminen (A, B_1, B_2 und C) und wertvollen Mineralien (Kalium-, Kalzium- und Phosphorsäureverbindungen).
Sonnige Waldlichtungen, Waldränder, Halden und Kahlschläge sind die wichtigsten Fundstellen für Waldhimbeeren. Aber auch an Wegrändern und Böschungen findet man sie häufig. Von der Ebene bis hoch ins Gebirge reicht ihre Verbreitung. Seit dem 16. Jahrhundert kultiviert man sie auch in Gärten.
Waldhimbeeren schmecken schon angenehm und erfrischend säuerlich, wenn sie noch nicht ganz reif sind, doch ihre ganze Aromafülle entfalten sie erst dann, wenn sie voll ausgereift sind.

Den Himbeersammler dürfte es auch interessieren, daß die jungen Blätter einen gesunden Tee liefern. Zusammen mit Brombeerblättern, die auch im Hinblick auf die Inhaltsstoffe (hauptsächlich Gerbstoffe) den Himbeerblättern sehr ähnlich sind, läßt sich ein vorzüglicher Haustee bereiten:

Waldhimbeeren

Brombeeren

□ Himbeerblätter und Brombeerblätter zu gleichen Teilen, jung und frisch gepflückt, werden nach kurzem Anwelken mit einem Nudelholz gewalkt, mit wenig Wasser eingesprüht und dann in ein Tuch geknotet, das man zwei bis drei Tage zum Zwecke der Fermentierung an einen warmen Ort hängt. Wenn der Tee stark nach Rosen duftet, ist die Fermentierung beendet. Anschließend werden die Blätter scharf getrocknet und in ein gut verschließbares Glas gegeben. □

Die Brombeere (Rubus fruticosus L.)

Als die „stachelige Schwester" der Himbeere wird manchmal die Brombeere bezeichnet, die überall in Deutschland, von der Ebene bis hoch in die Berge anzutreffen ist. In Schlesien nennt man sie Kroatzbeere.
Auf Schuttplätzen, in lichten Waldungen, auf Kahlschlägen, an sonnigen Abhängen findet man sie sehr häufig und manches Bachufer ist mit einem schier undurchdringlichen Brombeergestrüpp bewachsen.
Aus den weißen bis blaß rötlich gefärbten Blüten, die in traubigen Rispen an den Enden der Stengel angeordnet sind, entwickeln sich zuerst grüne, dann rote und schließlich tief schwarzblaue Früchte, die bei manchen Arten bläulich bereift sind. Man trifft an ein und demselben Strauch zumeist Blüten, grüne, rote und vollreife Früchte nebeneinander. Ein Grund dafür, daß es Brombeeren von Juli bis weit in den Herbst hinein immer frisch vom Strauch gibt. Reife

Brombeeren sind ganz besonders aromatisch und erfrischend. Wenn meistens den ganz frischen Brombeeren der Vorzug gegeben wird, so muß man doch zugeben, daß eine Brombeermarmelade, ein Brombeergelee, ein Saft oder Brombeerkompott vorzüglich schmecken. Für die Gesundheit sind Brombeeren deshalb von so besonderem Wert, weil sie neben den Aromastoffen, den Fruchtsäften und dem Invertzucker die verschiedensten Mineralstoffe enthalten. Hervorzuheben sind die Kalium-, Kalzium-, Magnesium- und Phosphorsäureverbindungen. Auch der Vitaminreichtum der Brombeeren ist bemerkenswert. Neben reichlich Vitamin C enthalten sie Vitamin A und die Vitamine der B-Gruppe.

□ Wenn in diesem Buch bei den Beeren und Wildfrüchten, ja sogar bei den Pilzen immer wieder auf den hohen Gehalt an Mineralstoffen hingewiesen wird, so sei vermerkt, daß unser Körper für die Gesundheit neben den Nährstoffen Eiweiß, Fett und Kohlenhydraten gewisse Mineralstoffe und Spurenelemente ebenso nötig gebraucht, wie die Vitamine. Fehlen sie, so kommt es zu erheblichen Störungen im Stoffwechselgeschehen. Wenn es daher möglich ist, auf so angenehme Weise, wie durch den Genuß der köstlichen Wildfrüchte, für ausreichend Mineralstoffe zu sorgen, so sollten wir davon Gebrauch machen. □

Es ist wirklich schade, daß ein so großer Teil der anfallenden Brombeeren ungenutzt bleibt.
Den Brombeerstrauch kannten schon die Griechen und Römer. Man aß die wohlschmeckenden Früchte und nutzte die Heilkraft der Blätter. Kunde darüber vermitteln uns Dioskorides, Plinius und der römische Feldarzt Galenus. Bereits im Jahre 812 wurden in der damals herausgegebenen Landgüterordnung Karls des Großen Brombeersträucher erwähnt.
Groß ist die Zahl der Sagen und Legenden, die mit der Brombeere zu tun haben. Jungfrauen versuchten mittels des Strauches ihren künftigen Freier zu erkennen, in der Kirche suchte man damit nach „Hexen“ und Hautleidende krochen unter einer Brombeerranke hindurch, um dadurch ihr Hautleiden loszuwerden.
Über die Verwendung der Brombeerblätter zur Bereitung eines probaten Haustees wurde im Abschnitt Himbeeren schon berichtet. Hier sei zusätzlich die wohltuende Wirkung des Brombeersüßmostes bei Heiserkeit erwähnt.

Heidelbeeren

Die Heidelbeere (Vaccinium myrtillus L.)

Wer kennt sie nicht, die dunkelblauen, oft bläulich bereiften Heidelbeeren unserer Wälder. Sie sind noch mit zahlreichen anderen Namen ausgestattet und überall beliebt.
Blaubeere, Taubeere, Schwarzbeere, Bigbeere sind einige ihrer vielen Namen.
Die Heidelbeerpflanze gehört in die botanische Familie der Heidekrautgewächse und ist ein Halbstrauch, der halbschattige Wälder besonders liebt. Auch in Torfmooren und auf Heiden wächst er gerne, bevorzugt humusreiche, leichte Böden im Bayerischen Wald, im Spessart, in der Oberpfalz, der Rhön und der Lüneburger Heide.
Heidelbeeren kannte man schon im Altertum. Der Grieche Theophrast will sie schon am Berge Ida entdeckt haben. Wissenschaftler meinen jedoch, daß es sich um eine andere Pflanze gehandelt haben muß, da es in Griechenland kaum Heidelbeeren gibt.
Die frischen Beeren schmecken sehr erfrischend, süßlich-säuerlich. Ob roh oder gekocht gegessen, ob als Saft getrunken oder als Mus oder Marmelade aufs Brot gestrichen, immer sind sie köstlich und gesund. Neben Kaliumverbindungen enthalten sie besonders auch Eisen und Mangan; neben Vitamin C auch Vitamine der B-Gruppe und Vitamin A. Heidelbeeren lassen sich ausgezeichnet zu Heidelbeerwein vergären, doch ganz besonders muß hier der Süßmost und der frische Preßsaft erwähnt werden, der bei Magen- und Darmstörungen – besonders bei übel riechenden Gärungsgasen – in den Gedärmen schnelle Besserung bringt. In der Volksmedizin spielen vornehmlich getrocknete Heidelbeeren und der Heidelbeerblättertee

Preiselbeeren

eine Rolle bei den verschiedensten Magen- und Darmbeschwerden, die mit Durchfall einhergehen.

Die Preiselbeere (Vaccinium vitis-ideaa L.)

Gelegentlich hört man statt des Namens Preiselbeere auch den Namen Kronsbeere für diese köstlichen Wildfrüchte, ohne die ein Wildschwein-, Hirsch- oder Rehbraten gar nicht so recht schmecken will. Die Preiselbeere ist weniger häufig als die ihr verwandte Heidelbeere. In der Oberpfalz und in der Lüneburger Heide trifft man auch heute noch größere Bestände an, besonders in lichten Wäldern. Die zierlichen, niedrigen Sträucher tragen glänzende Blätter und die kleinen, weißrosa Blüten – in Trauben angeordnet – sind im Sommer ein Tummelplatz für Bienen und Hummeln. Preiselbeeren reifen erst im Spätsommer; dann sind sie scharlachrot gefärbt und schmecken herb-aromatisch. Wegen ihres hohen Pektingehaltes eignen sie sich vorzüglich zum Einkochen.
Sehr wichtig ist es, Preiselbeeren nur in vollreifem Zustand zu ernten. Unreife Früchte faulen und reifen nicht nach. Wie fast alle Wildfrüchte sind auch Preiselbeeren mineralstoffreich. Frisch oder eingekocht gegessen fördern sie den Appetit, da sie die Magensaftsekretion kräftig anregen. Kinder, die sonst nicht recht essen mögen, nehmen Preiselbeergelee gerne ein und entwickeln bald danach einen normalen Appetit. Den medizinisch interessierten Lesern sei noch gesagt, daß in den Blättern der Preiselbeerpflanze neben reichlich Gerbstoff auch ein Stoff enthalten ist, der die Blase und die ab-

Moosbeeren

leitenden Harnwege desinfiziert. Es ist das Arbutin, welches auch in den Bärentraubenblättern enthalten ist, allerdings dort in größerer Menge als in Preiselbeerblättern.
Sehr selten trifft man bei uns auch eine nahe Verwandte der Preiselbeere – **die Moosbeere** – an, die auf den Moorböden Finnlands, Rußlands und Nordamerikas häufig ist. Ihre roten Beeren hängen an langen Fruchtstielen und sind im Geschmack den Preiselbeeren sehr ähnlich.

B Hauptsächlich zubereitet verwendet

Während die im ersten Abschnitt vorgestellten Wildfrüchte besonders roh und frisch gegessen ausgesprochene Gaumenfreuden sind, handelt es sich bei den folgenden Früchten um solche, die besser zubereitet gegessen werden, dann aber recht wohlschmeckend sind. Durch ihre wertvollen Inhaltsstoffe sind sie bekömmlich und gesund. Manche unter ihnen, wie die Hagebutten, genießen besondere Achtung als Heilmittel oder Gewürz.

Holunderbeeren (Sambucus nigra L.)

Im Unterholz, in Gebüschen, in Auwäldern und an Bachufern wächst, von der Ebene bis ins Hochgebirge der Holunderstrauch. Er erreicht eine Höhe von 3 bis 5 Metern und bildet sich auch gelegentlich als

Holunderblüten

Holunderbeeren

stattlicher Baum mit einer Höhe bis zu 9 Metern aus. In der Jugend ist seine Rinde warzig und riecht unangenehm; später wird sie rissig und aschgrau. An den markigen Ästen und Zweigen sind gegenständig unpaarig gefiederte, dunkelgrüne Blätter angesetzt.
In den Monaten Mai und Juni gelangen die gelblich-weißen, in großen, flachen Trugdolden angelegten Blüten zur Entfaltung. Sie riechen unangenehm, schmecken süßlich kratzend und bringen im Herbst schwarzviolette Beeren hervor.
Diese Beeren erfreuen sich unterschiedlicher Beliebtheit. In manchen Gegenden bleiben sie unbeachtet, in anderen hingegen gilt das Holundermus als besondere Kostbarkeit. Es wird alleine oder in Mischung mit anderen Beerenmarmeladen verwendet.
Die in den Früchten enthaltenen Vitamine A, B und C sind gesunde Inhaltsstoffe.
Beim Einsammeln der gut ausgereiften Früchte schneidet man die ganzen Dolden ab, die dann zu Hause gerebelt werden.
Sehr beliebt sind auch die Blüten des Holunders, die als Fliedertee bekannt sind. Selbst heute, da die Anwendung von Tees in der Heilkunde stark rückläufig ist (ganz zu unrecht übrigens!) werden Holunderblüten immer noch reichlich gebraucht und als schweißtreibender Tee bei fiebrigen Infektionskrankheiten auch ärztlich verordnet. Sie sind Bestandteil der beliebten „Blutreinigungstees“ und werden in der Volksmedizin als wassertreibendes Mittel gebraucht.
Zur Herstellung eines Holunderblütentees (Fliedertees) zum Schwitzen werden ein bis zwei Eßlöffel voll Blüten mit einer Tasse kochen-

den Wassers übergossen. Nach 10 Minuten langem Ausziehen wird abgeseiht. Der Tee muß sehr heiß getrunken werden. – Halb so stark „gebraut" und nicht so heiß getrunken dient er zusammen mit wenig Pfefferminze und Kamille als Haustee in Erkältungszeiten.
Fliedertee empfahl schon Hippokrates zur Blutreinigung und Erneuerung der Körpersäfte, und in unserer Zeit geht seine Verwendung auf die Empfehlung von Sebastian Kneipp zurück.
Rote statt blauschwarze Beeren hat der in lichten Wäldern wachsende zumeist kleinere Traubenholunder, dessen Beeren mancherorts zu Mus verarbeitet werden. Vor ihnen muß gewarnt werden, da sie in den Kernen reichlich Blausäure enthalten.
Beim Genuß kommt es daher häufig zu Übelkeit und Erbrechen. Tödlich verlaufende Vergiftungsfälle sind allerdings nicht bekannt geworden.

Schlehen (Prunus spinosa L.) = Schwarzdornbeeren

Schlehen sind sehr sauer und für den rohen Genuß nicht sonderlich zu empfehlen. Wartet man jedoch den ersten Frost ab, so verlieren sie viel ihrer zusammenziehenden Herbheit, sehen allerdings nicht mehr sonderlich verlockend aus. Bereitet man aus den Beeren unter

Erst nach dem ersten Frost verlieren die Schlehen ein wenig ihre Herbheit

Verwendung von reichlich Essig ein Mus, so erhält man eine gesunde Fleischbeilage. Auch der Saft ist gesund. Es lohnt sich, mit den Beeren ein wenig zu experimentieren. Sie verbessern manches Mus und manche Marmelade aus sehr süßen Früchten, wenn sie in ausgewogener Menge mit diesen vermischt werden. Ein auf solche Weise „gezauberter" Brotaufstrich ist besonders zum Frühstück zu empfehlen, um die bei manchen Menschen erst spät „erwachenden" Verdauungsdrüsen zu ermuntern.
Der Schlehdorn ist weit verbreitet. An Waldrändern, an Hecken und Zäunen, an sonnigen Fels- und Schuttabhängen wächst er mit Vorliebe. Er wird ein bis drei Meter hoch, ist mit spitzen Dornen besetzt und blüht schon im frühen Frühjahr, noch bevor die Blätter ausgebildet sind. Im Herbst reifen dann die Früchte heran, die kugelig, saftreich und im Geschmack zusammenziehend-sauer sind. In frischem Zustand sind sie blaubereift.
Schlehenfrüchte, Blüten und Blätter spielten in der Volksmedizin eine nicht unwichtige Rolle. Viel ist heute jedoch von den zahlreichen Anwendungen nicht mehr übrig geblieben, nur Pfarrer Kneipp rühmte die Schlehenblüten noch einmal als „schuldloses" (gemeint ist unbedenkliches) aber doch zuverlässiges Abführmittel, welches auch wohltuende Wirkung auf den Magen und den Darm ausübt.

Hagebutten (Rosa canina L.)

Hagebutten sind die Früchte der Heckenrose. Diese Pflanze dürfte die Ahnfrau all der vielen Abarten und Züchtungen der so beliebten Rosen sein. Sie wächst mit Vorliebe an Waldrändern, in Gebüschen, an Hecken und Zäunen, Wegrainen und sonnigen Abhängen.
Die Hagebutten haben in jüngster Zeit wieder an Bedeutung gewonnen, denn ihr Gehalt an Vitamin C ist sehr hoch und die Vitamine der B-Gruppe, das Vitamin A, Vitamin K und Vitamin E sind willkommene Ergänzungen. So hat in jüngster Zeit manche Oma ihr altes Rezept wieder hervorgezogen, nach dem sie früher Jahr für Jahr so hervorragende Hagebuttenmarmelade bereitet hat. Auch läßt sich aus Hagebutten ein wohlschmeckender Wein bereiten.
Aber auch als Heilpflanze schätzt man die Heckenrose. Zahlreiche Teemischungen gegen Blasenleiden und zur „Blutreinigung" enthalten die harten Kerne und auch das Fruchtfleisch der Hagebutten. Bei fieberhaften Erkrankungen gibt man gerne einen Tee aus Hagebutten, weil er recht erfrischend schmeckt, Abgespanntheit, Müdigkeit und Unlustgefühle verdrängt.

Die Hagebutte ist eine der Vitamin-C-reichsten Früchte

Mühsam ist es, die Früchte zu putzen und von den Samen zu befreien. Die Samen sind mit feinen, harten Haaren besetzt, die in die Haut eindringen und zu heftigem Jucken und Brennen führen. Es ist daher sehr empfehlenswert, Haushaltshandschuhe überzuziehen. Nach dem ersten Frost werden die Früchte weicher und sind leichter zu bearbeiten.

Sanddorn (Hippophaë rhamnoides L.)

Silbergraugrün sieht der dornige Sanddornstrauch aus, der in Süddeutschland auf Schutt- und Geröllhalden, sowie an einigen Stellen der Nord- und Ostseeküste (besonders auf den Friesischen Inseln) vorkommt. Neuerdings hält er auch Einzug in die Gärten, in denen er als Zierstrauch aber auch wegen seiner vitaminreichen Beeren angepflanzt wird.
Der Sanddorn gehört in die botanische Familie der Ölweidengewächse, ist zumeist strauchig, doch gelegentlich ein kleiner Baum. Seine Hauptwurzel geht tief in die Erde und verzweigt sich dort. Die Äste sind dunkelrotbraun, sehr hart und besitzen dornige Seitentriebe. Die kurzgestielten Blätter sind in der Jugend oberseits mit Sternhaaren besetzt, später kahl und silbergrau schimmernd. Die Blattunterseite ist dicht grau behaart. Aus den unscheinbaren Blüten, die in kugeligen Blütenständen angeordnet sind, entwickeln sich gelbrote Beeren, die im August und September reif werden. Seine Beeren sind es, die den Sanddorn in jüngster Zeit so berühmt gemacht haben, und das ganz bestimmt nicht zu unrecht. Sanddorn-

Sanddornbeeren

beeren enthalten nämlich sehr große Mengen Vitamin C, weit mehr als Zitronen. Bis zu 1200 mg/% Vitamin C sind in den Beeren gefunden worden. Daneben enthalten die Beeren reichlich Vitamin A, Vitamine der B-Gruppe, Vitamin E, Vitamin P (Rutin), wertvolle Mineralstoffe und ein Öl, welches vorwiegend aus Ölsäure, Linolsäure und Stearinsäureestern besteht. Roh gegessen schmecken Sanddornbeeren nicht gut. Sie sind einfach zu sauer. Versetzt man aber den Saft oder das zerquetschte Fruchtfleisch mit Zucker, so erhält man ein aromatisch-erfrischendes Getränk oder wohlschmeckendes Fruchtmus. Milchmischgetränke lassen sich mit Sanddornsaft gesund aromatisieren, Fruchtspeisen verfeinern und selbst die Likörindustrie greift gerne auf Sanddornbeeren zurück.

Etwas problematisch ist die Ernte der Beeren. Man muß damit warten, bis sie reif sind. Dann aber sind sie so prall mit Saft und Fruchtmark gefüllt, daß sie beim Abpflücken zumeist zerplatzen, wobei das wertvolle Innere unkontrolliert umherspritzt.

Man zieht daher die Zweige mit einem Strick nieder und schneidet mit einer Schere die Beeren an ihren kurzen Stielen ab.

Berberitzenbeeren (Berberis vulgaris L.) = Sauerdorn

Im Frühjahr bezaubern die goldgelben Blütentrauben dieses mittelgroßen, dornigen Strauches den Wanderer und wenn es Herbst wird, ziehen die scharlachroten, ovalen Beeren bewundernde Blicke auf sich.

Berberitzenblüten

Berberitzenfrüchte

Daß man die Beeren auch essen kann, das ist nur wenigen Menschen bekannt. Zugegeben, sie schmecken recht sauer, und sie unzubereitet zu verspeisen ist kein Genuß, aber als Zusatz zu Birnenmarmelade beispielsweise oder gemischt mit anderen süßen Gelees, sollte man sie nicht verschmähen.
Berberitzen wachsen bei uns an steinigen Hügeln und Abhängen, in Hecken oder Gebüschen, ohne besondere Ansprüche an den Boden zu stellen.

Vogelbeeren (Sorbus aucuparia L.)

Die Früchte der Eberesche nennt man Vogelbeeren, weil diese von Vögeln gerne gefressen werden und durch diese auch ganz ungewöhnliche Verbreitung erfahren. Auf alten Mauern, in Felsritzen oder auf Türmen kann man häufig Ebereschen entdecken, deren Samen dort von Vögeln abgelagert wurden.
Vogelbeeren sind sehr sauer, werden nach den ersten Frösten im Geschmack zwar etwas milder, sind aber auch dann nur wohlschmekkend, wenn man sie mit reichlich Zucker zubereitet. Ihr Gehalt an natürlichem Vitamin C ist aber bemerkenswert hoch. Man bereitet daraus gesunde und aromatische Marmeladen, besonders in Mischung mit süßeren Früchten.
Die leuchtend roten Beeren, die sich aus schmutzigweißen Blütentrauben entwickeln, schneidet man bei der Ernte zweckmäßigerweise als ganze Traube ab und zupft sie dann zu Hause.

Vogelbeerblüten

Vogelbeerfrüchte

Neben der normalen Form gibt es auch noch eine „süße Abart“ der Eberesche, die sogenannte Böhmische Art (Sorbus aucuparia, varietas dulcis), die wohl beliebter ist, da sie weit weniger bittere, aber ebenso gesunde Beeren ausbildet.

II. Giftige Beeren

Leider – so möchte man sagen – liefert uns die Natur nicht nur eßbare und gesunde Beeren und Früchte, leider gibt es auch Beeren und Kräuter, die sehr giftig sind, und nach deren Genuß man sterben kann.
Leider sagen aber nur die Naturfreunde und Beerensammler. Die Ärzte und Apotheker sind da anderer Meinung. Gerade diesen Giftpflanzen verdanken sie viele wertvolle Arzneimittel gegen Schmerzen und andere Leiden.
Damit aber beim Beerensammeln kein Unglück passiert, damit man sich selber und vor allen Dingen die Kinder vor diesen Pflanzengiften schützen kann, sind nachfolgend die giftigen Beeren aufgeführt, die möglicherweise verwechselt werden können. Absichtlich wurde der Text kurz gehalten, dafür aber den Fotos genügend Platz eingeräumt, weil sich danach die giftigen Beeren besser einprägen.

Nachtschattengewächse

Unter diese Gruppe fällt die **Tollkirsche,** deren saftreiche Beeren so verlockend schwarzblau glänzen. Sie sind tödlich giftig. Die Toll-

Die Tollkirsche ist so giftig, daß schon wenige Beeren tödlich sein können

Blüten des
Bittersüßen Nachtschattens

Früchte des
Bittersüßen Nachtschattens

kirsche ist eine hohe, strauchige Staude, die an lichten Waldstellen und am Waldrand wächst.
Vögel fressen diese Beeren, ohne Schaden zu nehmen. Das darf aber niemand dazu verleiten, selber Tollkirschen zu probieren.

Auch der **Bittersüße Nachtschatten** mit seinen herrlich violettblauen Blüten und dem leuchtend gelben Staubgefäßkegel darin bildet giftige Beeren aus, die verlockend und verführerisch, rot leuchtend an den Zweigen sitzen. Wenn er auch nur schwach giftig ist, so muß man sich doch vor ihm hüten. Man trifft diese Pflanze an feuchten,

Beeren des Schwarzen Nachtschattens

Maiglöckchenblüten und -beeren ▶

schattigen Stellen, wie Bach- und Flußufern, in Gebüschen und an Hecken.

Der **Schwarze Nachtschatten** gilt ebenfalls als giftig. Hier streiten sich zwar die Gelehrten, doch seine Harmlosigkeit ist bisher von keinem eindeutig bewiesen worden. Auf alle Fälle ist es besser, vor ihm zu warnen, als ihn zu übersehen, denn er ist sehr häufig an Wegrändern, auf Schuttplätzen, an Feldrändern und inmitten von Hackfruchtfeldern sowie in Gemüsegärten anzutreffen. Seine Blüten sind den Kartoffelblüten ähnlich, denn auch unsere Speisekartoffel ist ein Nachtschattengewächs. Die Beeren sind meist schwarz und kugelig. Aber es gibt auch Abarten mit gelblichen oder gar roten Beeren.

Maiglöckchenbeeren

Da das Maiglöckchen zu den beliebtesten Frühlingsblumen gehört, will man es nicht so recht glauben, daß der ganzen Pflanze, also auch den leuchtend roten Beeren, ein starkes Gift innewohnt. Es handelt sich um ein Herzgift, aus dem die Medizin hervorragende Arzneimittel macht. Aber die Giftigkeit ist heftig. Es ist schon vorgekommen, daß Menschen sich schwer vergiftet haben, wenn sie das Wasser getrunken haben, in dem ein Maiglöckchenstrauß über einige Zeit gestanden ist. Die roten Beeren ziehen besonders die Kinder stark an, und wenn sie klein sind, dann stecken sie gerne alles in den Mund. Bei Maiglöckchen ist das sehr gefährlich. **Bitte Vorsicht!**

Fruchtstand des Aronstabs

Aronstab- und Seidelbastbeeren

Auch vor den roten Aronstabfrüchten und ganz besonders vor den ebenfalls rot gefärbten Früchten des Seidelbastes muß man sich hüten. Hier sind es in erster Linie ätzende Stoffe, die schon im Mund und später im Magen und Darm schwere Schleimhautreizungen hervorrufen.

Seidelbastfrüchte

Der Aronstab ist nicht überall zu finden. Wo er aber vorkommt, ist er nicht selten. Schattige Wälder, Gebüsche und Bachtäler bevorzugt er. Der Seidelbast liebt feuchten Waldboden, Gebüsche und Bachgeröll.

Einbeere

Eine Pflanze, die aufgrund ihrer außergewöhnlichen Beschaffenheit die Aufmerksamkeit der Wanderer und Spaziergänger auf sich lenkt, ist die Einbeere.
Wenn dann im Sommer an ihrer Spitze über den vier großen Blättern gar noch eine schwarze „Perle“ prangt, dann übersieht sie wohl niemand mehr.

Ist es da verwunderlich, wenn Einbeeren immer wieder einmal von Kindern gegessen werden? Ein einzelnes Stück schadet zumeist nicht, doch werden es mehrere, so bleiben Vergiftungen nicht aus. Gottlob sind noch keine tödlichen Vergiftungen, die eindeutig auf Einbeeren zurückzuführen sind, registriert worden, doch die Koliken, die mit Erbrechen und Durchfällen, Schwindel und Benommenheit einhergehen, sind Grund genug, vor dem Genuß der Einbeere zu warnen. Einbeeren sind nicht selten zu finden. Schattige Laubwälder, Gebüsche, Hecken und feuchte Felsgegenden werden gerne von ihr besiedelt. Oft sind es nur wenige, oft aber auch sehr viele Exemplare, die dicht beieinander stehen.

Einbeere

Das wären wohl die wichtigsten Beeren, die vor allen Dingen kleinen Kindern gefährlich werden können. Es gibt noch andere, die aber wegen ihrer Beschaffenheit wenig zum Verzehr reizen. Beeren an Sträuchern in Parkanlagen sind alle mit Mißtrauen zu behandeln. Viele von ihnen können gesundheitliche Schäden verursachen.

Es darf aber auch der Hinweis nicht fehlen, daß viele andere Pflanzen, die keine Beeren ausbilden, gefährlich giftig sind. Gedacht sei hier nur an den Schierling, die Fingerhutarten und den Eisenhut.

Auch die Herbstzeitlose, die im Spätsommer die Wiesen in Süddeutschland schmückt, enthält gefährliche Giftstoffe. Normalerweise wird man diese Pflanzen wohl kaum verspeisen, doch Kinder sind unberechenbar. Sie stecken alles gerne in den Mund. **Vorsicht bitte!**

Aber was ist zu tun, wenn Kinder trotz aller Vorsicht giftige Beeren oder Giftpflanzen gegessen haben? Es muß sofort etwas geschehen, denn je mehr Zeit verstreicht, desto mehr Giftstoffe sind schon in die Blutbahn gelangt. Da man sich draußen in der Natur befindet, fehlen alle Hilfsmittel. Wasser ist jedoch zumeist zur Hand oder schnell zu beschaffen.

Es gilt, möglichst schnell Erbrechen herbeizuführen, um auf diese Weise den Magen zu entleeren und die Giftstoffe aus dem Körper zu entfernen. Oft genügt der Finger, den man in den Hals steckt, oder das Kitzeln des Schlundes mit einer Feder oder einem Grashalm. Gut ist es, unmittelbar vorher reichlich Wasser zu trinken. Dann erbricht man leichter. Nach dem ersten Erbrechen sollte man nochmals reichlich Wasser trinken, um auf die gleiche Art und Weise ein erneutes Erbrechen herbeizuführen.

Geschieht das alles innerhalb der nächsten 10 bis 20 Minuten, so ist die Gefahr gebannt. Dennoch ist es ratsam, danach den Arzt aufzusuchen, um sich beraten zu lassen.

Schwieriger ist es, wenn Kinder unbemerkt giftige Pflanzenteile gegessen haben und sich schon die ersten Vergiftungserscheinungen bemerkbar machen. Dann ist Erbrechen zwar immer noch angebracht, doch der Weg zum Arzt verträgt keinen Aufschub.

Der Arzt möchte natürlich wissen, um welche Pflanzenteile es sich handelt. Das Erbrochene vermag Aufschluß zu geben. Gut ist es auch, sich zu erinnern, wo man war, und welchen Giftpflanzen man begegnet ist. Kleinigkeiten können wichtig werden.

Und auch das sollten Sie wissen:

Es gibt in der Bundesrepublik Deutschland ein Netz von Gift-Notruf-Zentralen, deren Sitz und Telefonnummer in jeder Apotheke und bei jedem Arzt zu erfragen sind. Dort trifft man Experten an, die helfen und beraten.

Verzeichnis der Abbildungen

Mannfried Pahlow

Siegfried Eichinger

Die Autoren dieses Buches waren sich darüber einig, daß ein Pilzbuch für den Anfänger und zunächst „Nur-Pilzfreund“ nicht verwirren darf. Klarheit und Verständlichkeit alleine sind dem Anfänger eine Hilfe. Bei den Aufnahmen wurde nichts gestellt, sondern die Pilze wurden so wiedergegeben, wie sie der Pilzsammler draußen im Revier sieht und findet. Langjährige Erfahrung als Pilzberater wiesen ihnen den Weg.

Wer auszieht um Pilze zu sammeln, findet zwangsläufig auch die verschiedensten Beeren. Ein Anhang, der auch diese Köstlichkeiten der Natur vorstellt, erschien den Autoren eine brauchbare Ergänzung.